ニュートン式
超図解

最強に面白い!!

理科

はじめに

　「理科」は，自然科学系の学科のことです。多くの人は，中学校や高校で，「生物」「化学」「物理」「地学」の，四つの分野を学んだのではないでしょうか。

　中学校や高校で理科を学ぶのには，理由があります。それは，理科を学べば，私たちの身のまわりのものや現象が，よくわかるようになるからです。単に知識がふえるだけではなくて，物事を筋道をたてて考えられるようになります。そして理科は，最先端の科学の基礎でもあるからです。理科を「教養」として正しく身につければ，世の中の見え方が，きっと変わることでしょう。

　本書は，中学校と高校で学ぶ理科の重要項目を，1冊に凝縮したものです。生物，化学，物理，地学の，四つの章があります。どの章から読んでもかまいません。"最強に"面白い話題をたくさんそろえましたので，どなたでも楽しく読み進めることができます。理科の世界を，どうぞお楽しみください！

ニュートン式
超図解　**最強に面白い!!**

理 科

1. 生物──生命の進化としくみ

2. 化学 ── 物のなりたちと性質

3. 物理 ─ 自然界の法則を探る

4. 地学 — 力強く活動する地球

1. 生物──生命の 進化としくみ

地球は，生命の惑星です。海の底から陸上，大空に至るまで，さまざまな生き物であふれています。そうした生き物たちを調べ，生命のしくみを探究する学問が，「生物学」です。第1章では，生物についてみていきましょう。

1 生物の共通点と多様性を探る分野

中学校の理科と，高校の「生物基礎」が土台

生物は，細菌からヒトに至るまで，この地球で暮らす生物がもつ共通点と多様性を探究する分野です。

　下は，中学校と高校の生物で学ぶ内容です。中学校の理科と，それを発展させた高校の「生物基礎」で学ぶ知識が，高校の「生物」の土台となります。

中高の「生物」で学ぶ内容

中学校理科と
高校「生物基礎」
で学ぶ主な知識

・生物の観察と分類
・生物の共通性と多様性
・生物の多様性と進化

・生物と細胞
・呼吸と光合成
・生物とエネルギー

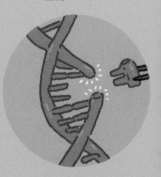

高校「生物」
の単元

生物の進化
・生命の起源と細胞の進化
・遺伝子の変化と進化のしくみ
・生物の系統と進化

生命現象と物質
・細胞と分子
・代謝

生物の共通性は，生物の進化によるもの

高校の生物では，「生物の進化」「生命現象と物質」「遺伝情報の発現と発生」「生物の環境応答」「生態と環境」を学びます。2022年4月開始の学習指導要領で，まず最初に「生物の進化」から学ぶように改訂されました。多種多様な生物や生命現象には共通性があり，その共通性は生物の進化によるものだからです。

高校の生物は，進化や生態系などの生物界全体から，分子のはたらきで考える生命現象，動物や植物の個体まで，幅広く学ぶ構成となっています。観察や実験などを通じて，生物の基本的な概念や原理，法則を理解し，探究する能力を身につけます。

・遺伝の規則性と遺伝子
・遺伝情報とDNA
・遺伝情報とタンパク質

・植物の体と動物の体
・神経系と内分泌系
・免疫

・自然界のつり合い
・植生と遷移
・生態系と保全

遺伝情報の発現と発生
・遺伝情報とその発現
・発生と遺伝子発現
・遺伝子をあつかう技術

生物の環境応答
・動物の反応と行動
・植物の環境応答

生態と環境
・個体群と生物群集
・生態系

注：2022年4月開始の学習指導要領にもとづいたものです。

2 3000万種！ 進化が，多種多様な生物を生みだした

進化の理由は，DNAの遺伝情報の変化

　地球上に最初の生命が誕生したのは，およそ40億年前だと考えられています。現在では，約180万種の生物種が確認されていて，未発見の種を含めると，総数は3000万種ともいわれています。これほど多様な生物が存在するのは，生物が「進化」するからです。進化とは，生物の姿形や性質が世代を経るにつれて変化していくことです。進化がおきる理由の一つは，「DNA（デオキシリボ核酸）」の遺伝情報の変化です。DNAの塩基配列が変化することを，「変異」といいます。

さまざまな環境に適応した生物が誕生した

　DNAが変異すると，同じ種の中にことなる特徴をもつ個体ができます。このうち，ある環境ではその環境に適した特徴をもつ個体がより多くの子孫を残し，別の環境ではまた別の特徴をもつ個体がより多くの子孫を残します。この過程を「自然選択」といいます。

　ことなる環境に適応したそれぞれの集団の間では，やがて交配が行われなくなり，別の種へと枝分かれします。こうして，地球のさまざまな環境に適応した生物が誕生します。このような進化のしくみが，この地球に多種多様な生命をもたらしたのです。

生命の進化

DNAに生じた変異は，生物の個体レベルの変化を引きおこします。自然選択によって，環境に適応した個体が多く子孫を残し，やがて別の種へと枝分かれします。

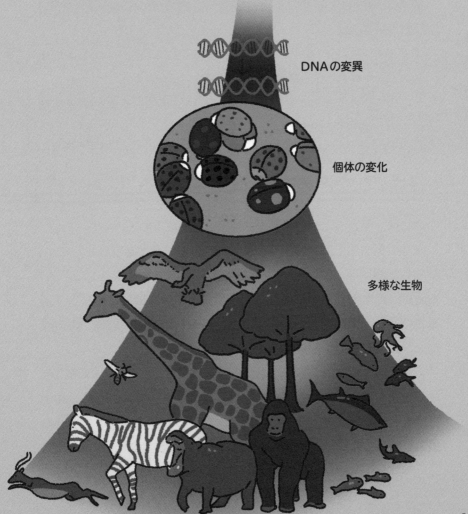

DNAの変異

個体の変化

多様な生物

3 種子植物に胞子植物。植物は光合成をする

種子植物は，「裸子植物」と「被子植物」

植物は，種子を実らせる「種子植物」と，胞子をつくる「胞子植物」に二分されます。

種子植物のうち，種子になる前の器官である「胚珠(はいしゅ)」がむきだしのもの（スギなど）を「裸子植物(らししょくぶつ)」といい，胚珠が内部にかくされているもの（サクラなど）を「被子植物」といいます。一方，胞子植物には，シダ植物やコケ植物などが含まれます。

「葉緑体」で，デンプンと酸素をつくる

植物は，生きるための栄養をつくる「光合成」を行います。

植物の葉や茎には，「気孔」とよばれる小さな穴があります。また，植物の細胞には，「葉緑体」とよばれる緑色の小さな粒があります。植物は，気孔から取りこんだ二酸化炭素と根から取りこんだ水を葉緑体に運び，太陽光がもつ光エネルギーを利用して，栄養であるデンプンと酸素をつくります。これが，光合成です。

気孔では，植物内の水分が水蒸気になって放出される，「蒸散」という現象もおきます。多くの植物は，昼間に気孔を開いて，二酸化炭素をとりこみます。しかしサボテンなどの一部の植物は，水分の損失を防ぐために，夜間に気孔を開いて二酸化炭素をとりこみます。

光合成を行う葉緑体

植物の細胞と，葉緑体をえがきました。葉緑体の中には，「チラコイド」とよばれる構造があります。

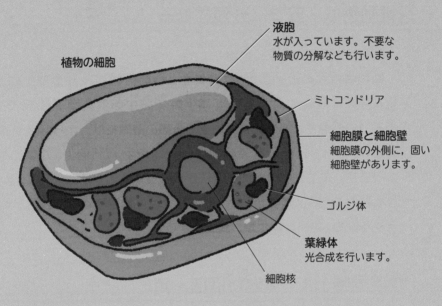

液胞
水が入っています。不要な
物質の分解なども行います。

植物の細胞

ミトコンドリア

細胞膜と細胞壁
細胞膜の外側に，固い
細胞壁があります。

ゴルジ体

葉緑体
光合成を行います。

細胞核

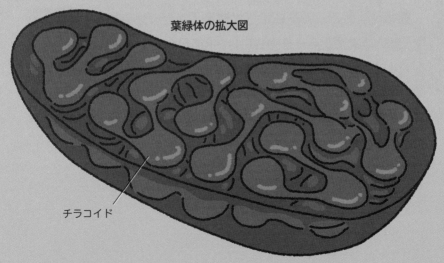

葉緑体の拡大図

チラコイド

4 脊椎動物に無脊椎動物。
動物の多くは移動できる

脊椎動物は，五つに分類される

　動物は，植物と並ぶ，生物の二大区分の一つです。

　動物のうち，ヒトのように背骨をもつ動物を，「脊椎動物」とい
います。脊椎動物は，「魚類」「両生類」「爬虫類」「鳥類」「哺乳類」
の五つに分類されます。脊椎動物の分類の基準には，えら呼吸か肺
呼吸か，「恒温動物」か「変温動物」か，「卵生」か「胎生」かなどが
あります。恒温動物は，外気温にかかわらず体温がほぼ一定に保た
れる動物（鳥類と哺乳類）で，変温動物は外気温に応じて体温が変
化する動物（魚類，両生類，爬虫類）です。

「恒温動物」は，体温がほぼ一定

　動物のうち，ムカデのように背骨をもたない動物を「無脊椎動
物」といいます。無脊椎動物には，「節足動物」や「軟体動物」など
がいます。節足動物は体や足に節があり外骨格をもつ動物で，昆虫
類，甲殻類（エビやカニ），クモ類，多足類（ムカデやヤスデ）が含
まれます。軟体動物は骨格がない動物で，頭足類（タコやイカ）な
どが含まれます。

脊椎動物と無脊椎動物

脊椎動物と，無脊椎動物の例をえがきました。無脊椎動物には
ほかにも，「刺胞動物」や「棘皮動物」，「環形動物」など，さ
まざまなものがいます。

脊椎動物

鳥類

両生類

哺乳類

爬虫類

魚類

無脊椎動物

軟体動物

節足動物

17

5 あらゆる生物は, 細胞からできている！

細胞は, 最も重要な基本単位

すべての生物は,「細胞」でできています。細胞は, 生命の最も重要な基本単位です。

細胞は, 1～100マイクロメートル（マイクロは100万分の1）程度の非常に小さな構造物で,「細胞膜」とよばれる脂質の膜で包まれています。細胞膜に包まれた部分を「細胞質」といいます。細胞質は, 塩分や糖, タンパク質などがとけた水溶液と, さまざまなはたらきをもつ「細胞小器官」からなります。

ヒトは,「多細胞生物」

動物の細胞には,「細胞核」「小胞体」「ゴルジ体」「リソソーム」「ミトコンドリア」などがあります。植物の細胞には, 動物の細胞がもつ構造にくわえて,「葉緑体」「液胞」「細胞壁」などがあります。細胞核をもつ細胞は,「真核細胞」とよばれます。

ヒトのように, たくさんの細胞が集まって一つの個体をつくっている生物を,「多細胞生物」といいます。一方, 1個の細胞だけからなる生物を,「単細胞生物」といいます。単細胞生物の一つである細菌の細胞は, 細胞核やミトコンドリアなどの細胞小器官をもちません。そのような細胞は,「原核細胞」とよばれます。

動物の細胞

一般的な動物の細胞をえがきました。植物の細胞には，動物の細胞がもつ構造にくわえて，葉緑体や液胞，細胞壁などがあります。

ゴルジ体
小胞体で合成されたタンパク質を受け取り，タンパク質を濃縮したり仕分けしたりして，細胞内や細胞外へ届けます。

細胞核
遺伝情報をもつ，DNAがおさめられています。表面には，「核膜孔」とよばれる穴があり，そこからさまざまな物質が出入りします。

小胞体
細胞核を取り囲むように存在します。小胞体の表面にあるリボソームで合成されたタンパク質や，カルシウムイオンなどを含みます。

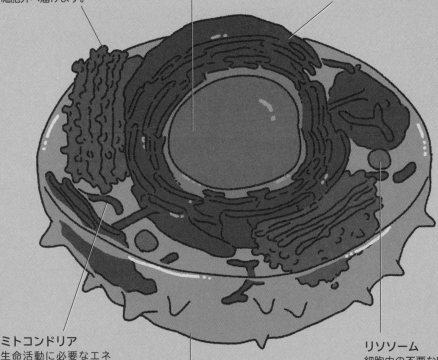

ミトコンドリア
生命活動に必要なエネルギー源となる，「ATP」という分子をつくります。粒状や糸状の形をしています。

細胞膜
細胞の内部と外部をしきる膜です。「脂質」でできており，厚さは8ナノメートル（ナノは10億分の1）ほどです。

リソソーム
細胞内の不要な物質を集め，再利用するために分解します。小さな袋状をしています。

19

6 生命の基本原理。遺伝情報からタンパク質を合成

DNAには，タンパク質の情報が記録されている

細胞の最も重要なはたらきは，DNAの遺伝情報をもとに，さまざまな種類の「タンパク質」をつくることです。

　タンパク質は，アミノ酸が数珠つなぎにつながったものです。タンパク質の種類は，20種類のアミノ酸がどのような順番でつながるかによって決まります。DNAには，それぞれのタンパク質のア

セントラルドグマ

DNAの遺伝情報は，「RNAポリメラーゼ」によって，DNAからmRNAに転写されます（1）。そしてリボソームで，mRNAからアミノ酸へ翻訳されます（2）。

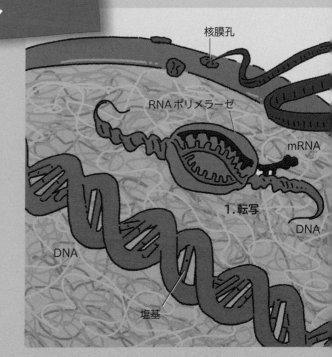

核膜孔

RNAポリメラーゼ

mRNA

1.転写

DNA

DNA

塩基

ミノ酸の順番の情報が，遺伝情報として記録されているのです。

DNAからRNA，タンパク質へと伝達

　DNAの遺伝情報は，4種類の「塩基（えんき）」の配列で記録されています。DNAの塩基配列は，「メッセンジャー RNA（mRNA）」という分子にコピーされます。この過程を，「転写」といいます。そしてmRNAにコピーされた塩基配列は，リボソームでアミノ酸に置きかえられます。この過程を，「翻訳（ほんやく）」といいます。

　このように遺伝情報が，DNAからRNA，タンパク質へと一方向に伝達されていく原理を，「セントラルドグマ」といいます。セントラルドグマは，すべての生物で共通の，生命の基本原理です。

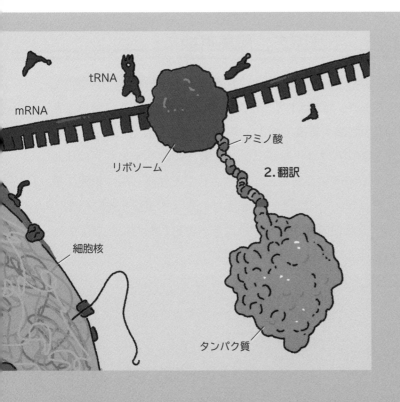

tRNA

mRNA

アミノ酸

リボソーム

2. 翻訳

細胞核

タンパク質

— バイオテクノロジー —

7 活用したい！ 生物がもつ 機能や成分

遺伝子操作の重要な例が，「遺伝子組みかえ」

DNAには，無数の遺伝情報が記録されています。一つ一つの遺伝情報を，「遺伝子」といいます。

遺伝子操作の重要な例が，「遺伝子組みかえ」です。遺伝子組みかえとは，ある生物から遺伝子を切りだし，それを別の生物のDNAにつなぎ入れる技術のことです。DNAを切りだすためのハサミの役割をもつ酵素を，「制限酵素」といいます。

DNAのねらった場所を，編集可能に

近年は，「ゲノム編集」という技術が注目されています。「CRISPR-Cas9」とよばれるシステムによって，DNAのねらった場所を，編集（削除・置換・挿入）することが可能になりました。

2018年には中国の研究者が，ゲノム編集によってエイズウイルスに耐性をもつ双子の赤ちゃんを誕生させたと発表して，世界に衝撃をあたえました。このほか，ヒトを含むさまざまな生物を対象にした，遺伝子改変の研究が進んでいます。それと同時に，技術の利用に関する倫理的な検討も行われています。

ゲノム編集

ゲノム編集のイメージをえがきました。ねらった遺伝子を破壊したり（A），ねらった場所に別の遺伝子を挿入したり（B）できます。

A. ねらった遺伝子を破壊

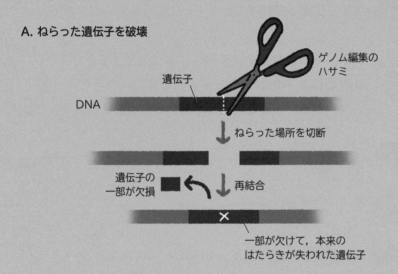

B. ねらった場所に別の遺伝子を挿入

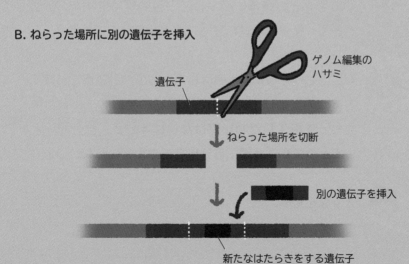

生命って何ですか？

 博士，生命って何ですか？

 ふむ。一般的な生命の定義は，子孫を残すことができ，外部からエネルギーや栄養などを取り入れて利用することができ，外部との境界をもつものとされておる。

 へぇ〜。じゃあ生命は，なんで生きているんですか？

 どういう意味じゃ？

 僕，生命が生きる目的が知りたいんです。生命は，ほかの生命との競争に勝つことが目的なんですか？　それとも，子孫を永遠に残すことが目的なんですか？

 わしにもわからん。生命はこんなものだということはできるがの。地球上に誕生した最初の生命も，何か目的をもって誕生したわけではないはずじゃ。自分が人としてどう生きるかは，自分自身で考えるしかないのぉ。

 そうなんだ〜。

8 生物の体は，いったいどのようにつくられるのか

有性生殖は，親と子の遺伝情報がことなる

動物の生殖には，「無性生殖」と「有性生殖」の２種類があります。

無性生殖は，細胞の分裂や体の一部を分離することで，新しい個体をつくる方法です。親と子はまったく同じ遺伝情報をもち，一つの個体のみで生殖できることが特徴です。一方，有性生殖は，ことなる性をもつ二つの個体から遺伝情報を受けつぐことで，新しい個

細胞の分化

有性生殖で，受精卵がさまざまな細胞に分化するようすをえがきました。胚の細胞は，「内胚葉」「中胚葉」「外胚葉」にわかれ，それぞれの胚葉からさまざまな細胞に分化します。

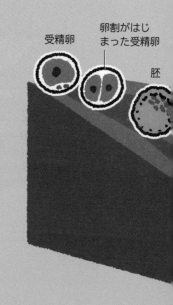

受精卵

卵割がはじまった受精卵

胚

体をつくる方法です。無性生殖とはちがい，子孫は親とことなる遺伝情報をもちます。

卵割をくりかえすことで，「胚」になる

有性生殖の個体は，卵と精子が一つになる「受精」によってできる，「受精卵」からはじまります。受精卵が成体になるまでの過程を「発生」といいます。発生初期の受精卵は，分割（卵割）することで，次第に小さな細胞の集まりになります。そして卵割をくりかえすことで，多数の小さな細胞からなる「胚」になります。胚の細胞はその後，ことなる形やはたらきをもつようになり，成体のさまざまな組織をつくります。この過程を，「細胞分化」といいます。

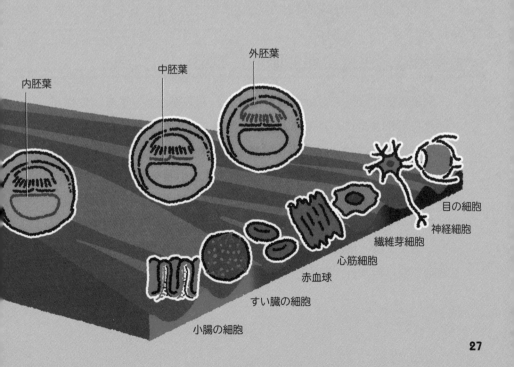

内胚葉

中胚葉

外胚葉

目の細胞

神経細胞

繊維芽細胞

心筋細胞

赤血球

すい臓の細胞

小腸の細胞

— 人体の生命維持機能 —

ヒトの命は，いろいろな臓器に支えられている

肺で，酸素が血液に取りこまれる

ヒトが生命を維持するためには，呼吸によって外部から酸素を取り入れ，二酸化炭素を放出する必要があります。肺では，空気に含まれる酸素が血液に取りこまれ，血液に含まれる二酸化炭素が排出されます。酸素が多くなり，二酸化炭素が少なくなった血液は，肺から心臓へもどります。この血液の流れを，「肺循環」といいます。

酸素を豊富に含んだ血液は，心臓から全身へ届けられます。この血液の流れを，「体循環」といいます。全身の細胞は酸素を受けとり，二酸化炭素を排出します。これを，「細胞呼吸」といいます。

栄養素は，主に小腸で吸収される

酸素のほかに，ヒトは栄養も取り入れる必要があります。食物が口から肛門までの「消化管」を通る過程では，唾液腺や膵臓などの「消化腺」から出される「消化酵素」が，栄養素を分解します。分解された栄養素は，主に小腸で吸収されます。小腸を通過した食物は，大腸で残りの水分が吸収されて，便として肛門から排出されます。

細胞の生命活動では，有毒物質であるアンモニアが発生します。アンモニアは，肝臓のはたらきで毒性の低い尿素に変換されてから腎臓で取り除かれ，尿として外部に排出されます。

消化器官

食物を消化，吸収する，主な消化器官をえがきました。

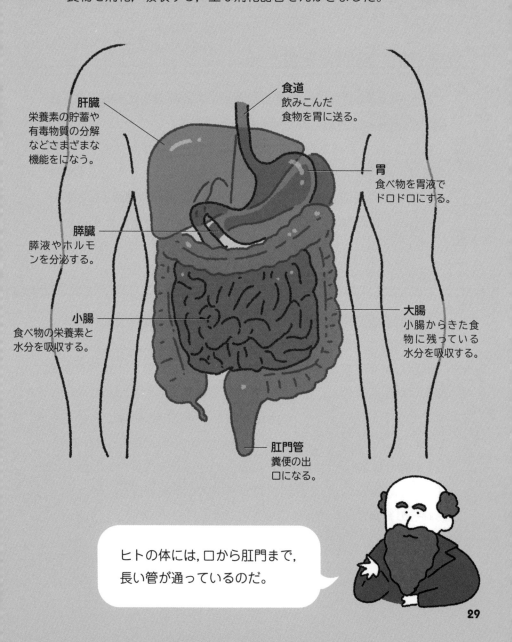

肝臓
栄養素の貯蓄や
有毒物質の分解
などさまざまな
機能をになう。

食道
飲みこんだ
食物を胃に送る。

胃
食べ物を胃液で
ドロドロにする。

膵臓
膵液やホルモ
ンを分泌する。

小腸
食べ物の栄養素と
水分を吸収する。

大腸
小腸からきた食
物に残っている
水分を吸収する。

肛門管
糞便の出
口になる。

ヒトの体には，口から肛門まで，
長い管が通っているのだ。

29

10 異物侵入!! ヒトの体には排除するしくみがある

食細胞が，病原体を食べる

ヒトの体には，体内へ侵入したウイルスや細菌などの病原体を排除する，「免疫」のしくみがそなわっています。

免疫には，「自然免疫」と「獲得免疫」の2種類があります。自然免疫は，病原体に対して最初にはたらく免疫のことです。自然免疫で活躍する免疫細胞は，「マクロファージ」や「樹状細胞」などの食細胞です。食細胞は，病原体を食べて，細胞内で消化します。

「B細胞」が，「抗体」をつくる

獲得免疫は，特定の病原体をねらって攻撃する免疫です。樹状細胞は，病原体を消化すると，その一部を「T細胞」という免疫細胞に提示します。するとT細胞が病原体の特徴を認識して，病原体が侵入した細胞を攻撃したり，ほかの免疫細胞の活動を高めたりします。そして「B細胞」という免疫細胞が，特定の病原体に結合する「抗体」をつくります。抗体が結合すると，病原体は無毒化されます。

T細胞やB細胞の一部は，一度侵入した病原体の特徴を記憶します（免疫記憶）。ふたたび同じ異物が侵入した場合には，ただちにこれらの細胞がはたらきはじめるのです。

抗体

B細胞のつくった抗体が，ウイルスに結合するようすをえがきました。抗体は，特定の病原体に結合して，病原体を無毒化します。

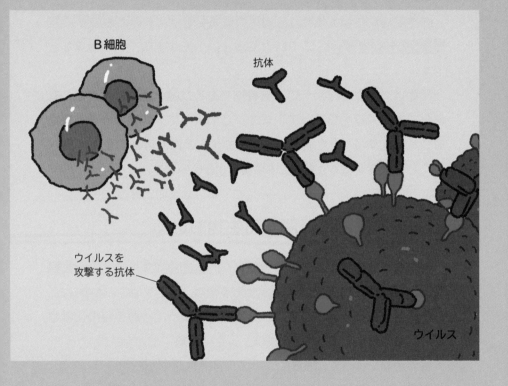

B細胞

抗体

ウイルスを
攻撃する抗体

ウイルス

予防接種をするのは，T細胞やB細胞に
病原体を記憶させるためなのよね！

11 生物も環境も，影響をおよぼしあう一つのまとまり

無機物から有機物をつくる生物がいる

さまざまな生物の集まりと周囲の環境をひっくるめたものを，「生態系」といいます。ここでいう環境とは，光や空気，水，土壌などです。

植物は，光合成によって，無機物である二酸化炭素と水から，有機物である栄養をつくっています。このように，無機物から有機物をつくる生物を，「生産者」といいます。また，ほかの生物を食べることで栄養を得る生物を，「消費者」といいます。

有機物を無機物に分解する生物もいる

植物を草食動物が食べ，草食動物を肉食動物が食べるといった関係を，「食物連鎖」といいます。食物連鎖は，地上や地中，水中など，あらゆる生態系でみられます。食物連鎖によって，ある種の化学物質が生物の体内に濃縮する現象を，「生体濃縮」といいます。

生命活動によって，地球にはたえず有機物が生みだされています。一方で，生物の死がいや排せつ物に含まれる有機物を無機物に分解する，「分解者」とよばれる生物もいます。生物の体をつくる物質は環境へともどり，生態系全体で物質が循環しているのです。

食物連鎖

地上の生態系での，食物連鎖の例をえがきました（1〜4）。
植物が光合成でつくった有機物は，草食動物や肉食動物の体と
なり，分解者に無機物に分解されて環境にもどります。

1. 植物が，光合成で
   有機物をつくる

2. 草食動物が，
   植物を食べる

3. 肉食動物が，
   草食動物を食べる

5. 植物が，無機物を
   吸収する

4. 分解者が，
   死がいなどを
   無機物に分解する

昆虫採集に夢中

イギリス出身の自然科学者
チャールズ・ダーウィン
（1809〜1882）

子どものころから
昆虫採集や動物の
観察に熱中した

大学生のころも
昆虫採集に夢中だった

いとこと
昆虫採集に出かけ
めずらしい虫を
2匹発見した

両手がふさがった
状態でさらに
めずらしい虫を発見

おもわず
手に持っていた
1匹を口に入れた

口に入れたのは
ホソクビゴミムシという
毒を出す虫だった

舌に痛みを感じて
パニックになり
3匹とも見失った

種の起源を執筆

大学を卒業すると
教授の紹介で測量船の
「ビーグル号」に乗船

世界各地をまわり
生物の標本や
化石を集めた

帰国後は
航海記を執筆

各地で集めた標本や
化石をもとに
動物学や地質学の
本も執筆

執筆に疲れたとき
気晴らしに『人口論』
という本を読んだ

自然選択説
(自然淘汰説)に
もとづく進化論を着想

1859年に
進化論をまとめた
『種の起源』を出版

すべての生き物は
神につくられたと考える
キリスト教社会に
衝撃をあたえた

2.化学—物の なりたちと性質

私たちの身のまわりには，さまざまな物質があふれていま
す。この世界に存在するあらゆる物質のなりたちや性質を
解き明かし，新たな材料を生みだす学問が，「化学」です。
第2章では，化学についてみていきましょう。

1 物質の性質を探り, 材料を生みだす分野

中学校の理科と, 高校の「化学基礎」が土台

化学は, この世界に存在するあらゆる物質のなりたちや性質を解き明かし, 新たな材料を生みだす分野です。

　下は, 中学校と高校の化学で学ぶ内容です。中学校の理科と, それを発展させた高校の「化学基礎」で学ぶ知識が, 高校の「化学」の土台となります。

中高の「化学」で学ぶ内容

中学校理科と
高校「化学基礎」
で学ぶ主な知識

・状態変化
・物質の融点と沸点
・水溶液

・化学変化と熱
・酸と塩基
・酸化と還元

高校「化学」
の単元

物質の状態と平衡
・物質の状態とその変化
・溶液と平衡

物質の変化と平衡
・化学反応とエネルギー
・化学反応と化学平衡

38

化学の成果が，科学技術の基盤

　高校の化学では，「物質の状態と平衡」「物質の変化と平衡」「無機物質の性質」「有機化合物の性質」「化学が果たす役割」を学びます。「化学が果たす役割」は，2022年4月開始の学習指導要領で，新しく設けられました。さまざまな物質がその特徴を生かして人間生活の中で利用されていることや，化学の成果が科学技術の基盤となっていることを学びます。

　高校の化学は，化学の基本的な概念や原理，法則を体系的に学べるように構成されています。観察や実験などを通じて，化学的な物事や現象を探究する能力を身につけます。

・周期表と元素
・水溶液とイオン
・物質と化学結合

・身のまわりの物質
・有機物と無機物
・炭素と共有結合

・科学技術を支える化学

無機物質の性質
・無機物質

有機化合物の性質
・有機化合物
・高分子化合物

化学が果たす役割
・人間生活の中の化学

注：2022年4月開始の学習指導要領にもとづいたものです。

― 物質の三態と温度 ―

固体，液体，気体。物質は温度で変化する

固体から液体への変化を「融解」という

水を温めると水蒸気になり，冷やすと氷になります。**温度に応じて物質の状態が「固体」「液体」「気体」と変化することを「状態変化」といい，三つの状態を「物質の三態」といいます。**状態変化にはそれぞれ名前がついていて，固体から液体への変化を「融解」，液体から固体への変化を「凝固」，液体から気体への変化を「蒸発」，気体から液体への変化を「凝縮」といいます。また，融解がおきる温度を「融点」，沸騰のおきる温度を「沸点」といいます。

物質の温度の下限値は，マイナス273.15℃

固体，液体，気体は，物質を構成する粒子（原子や分子）の運動がことなります。固体では，粒子は整列していて，その場で振動します。液体では，粒子が流動的に動き，粒子間の距離が広がります。気体では，粒子がはげしく動き，粒子間の距離がかなり広がります。**物質の温度の下限値は，マイナス273.15℃で，「絶対零度」といいます。**単位に℃を用いる温度は，「摂氏温度（セルシウス温度）」といいます。一方，絶対零度を基準にし，単位に「K（ケルビン）」を用いる温度は，「絶対温度」といいます。

注：水は，液体の水のほうが固体の氷よりも粒子間の距離が近く，体積が小さくなります。
　　液体の水が気体の水蒸気になると，体積は1700倍になります。

ドライアイス

ドライアイスは，気体の二酸化炭素に圧力を加えて，固体にしたものです。常温常圧の環境では，ドライアイスは固体から気体へと状態変化します。この状態変化を，「昇華」といいます。

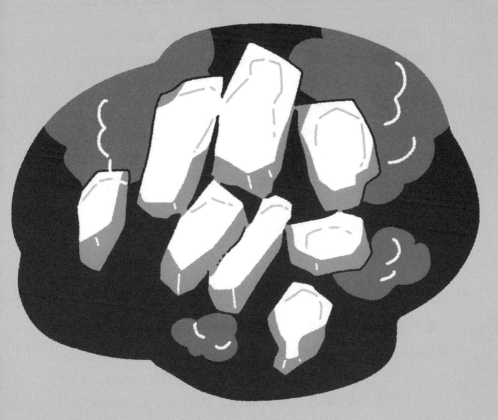

冷え冷えだノミ！

3 もう限界！ 物質がとける量は，温度と圧力で変化する

液体から固体が生成する現象を，「析出」という

　少量の食塩を水に入れると，すぐにとけます。**物質が液体に均一にとける現象を，「溶解」といいます。**また，とけている物質を「溶質」，溶質をとかしている液体を「溶媒」，できた液体を「溶液」といいます。とくに溶媒が水の溶液を，「水溶液」といいます。溶解とは逆に，液体から固体が生成する現象を，「析出」といいます。

　ある温度と圧力のもとで，一定量の溶媒にとける溶質の最大量を「溶解度」といい，溶質が溶解度までとけている溶液を「飽和溶液」といいます。固体の飽和溶液では，溶解と析出の速さが等しくなっています。この状態を，「溶解平衡」といいます。

溶解度のちがいで，純度の高い結晶を得られる

　固体の溶解度は一般的に，溶媒が高温になるほど大きくなり，低温になるほど小さくなります。温度と溶解度の関係をあらわしたグラフの曲線を，「溶解度曲線」といいます。溶解度のちがいを利用すると，純度の高い結晶を得られます。結晶の中には，別の物質が，不純物として混ざっていることがあります。そこで，この結晶を一度溶媒にとかし，溶液の温度を変えると，目的の物質のみを結晶化させることができます。この操作を，「再結晶」といいます。

硝酸カリウムの再結晶

再結晶した硝酸カリウムをえがきました。たとえば食塩の混ざった硝酸カリウムがあった場合，温水にとかして冷やしていくと，硝酸カリウムだけを再結晶させることができます。

硝酸カリウムが先に結晶になるのは，
食塩よりも水にとけにくいからなのだ。

— 化学変化 —

4 熱い！ 冷たい!! 物質が変化するときにおきる現象

化学変化では，熱の出入りがある

ある物質が別の物質に変わることを，「化学変化（化学反応）」といいます。 1種類の物質が2種類以上の物質に分かれる化学変化を，「分解」といいます。とくに，加熱による分解を「熱分解」，電気による分解を「電気分解」といいます。一方，2種類以上の物質が結合して別の物質ができる化学変化を，「化合」といいます。

化学変化には，熱を発生するものと吸収するものがあります。熱を発生する化学変化を「発熱反応」といい，熱を吸収する化学変化を「吸熱反応」といいます。一般的に，化学変化では熱の出入りがあり，これを「反応熱」といいます。

1モルは，粒子が約6.02×10^{23}個

化学反応を考えるとき，物質の量は，「モル（mol）」という単位であらわします。 1モルは，その物質の原子や分子などの粒子が，約6.02×10^{23}個あることを意味します。1モルあたりの粒子の数（約6.02×10^{23}/mol）は，「アボガドロ定数」といいます。

化学変化では，反応の前後で物質の種類のみが変化し，質量は変化しないと考えます。これを，「質量保存の法則」といいます。

注：厳密には，化学変化では，反応後の質量が減少します。質量の一部が，エネルギーに変わるためです。しかし減少量は，観測できないほど小さなものです。

使い捨てカイロ

化学変化の反応熱を利用したものに，使い捨てカイロがあります。袋の中にある鉄粉が，空気中の酸素と化合すると，熱が発生します。

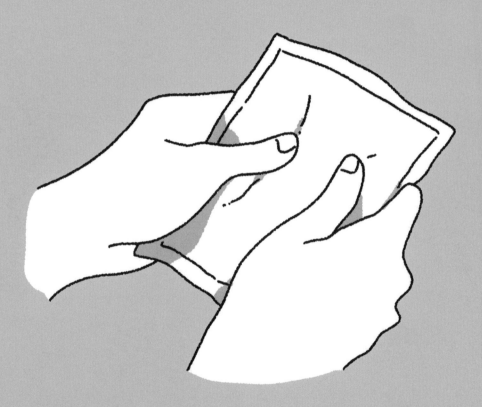

袋の中には，鉄粉が
入っているのね。

ばけがくって何ですか？

 博士，ばけがくって何ですか？　もしかして，お化けのことなんですか？

 ふぉ〜っふぉっふぉっ。ばけがくというのは，お化けじゃなくて，かがくのことじゃよ。

 えっ，かがく？

 かがくには，漢字で書いたときに，理科の科を使う科学と，変化の化を使う化学の二つがある。どちらも同じ発音じゃから，会話だと区別がつかん。そこで，変化の化を使う化学を，わざとばけがくといいかえるんじゃ。

 そうなんだ〜。

 うむ。英語を使っていいかえることもある。理科の科を使う科学はサイエンス，変化の化を使う化学はケミストリーじゃ。

 へぇ〜。

― 周期表 ―

5 元素の性質がわかる！周期表は，元素の一覧表

元素とは，原子の種類のこと

「万物は何からできているのか」。その一つの答ともいえるものが，元素の「周期表」です。元素とは，原子の種類のことです。

　原子は直径0.1ナノメートル（ナノは10億分の1）ほどの小さな粒子で，正の電気をおびた「原子核」と，負の電気をおびた「電子」からなります。さらに原子核は，電気をおびていない「中性子」と

元素の周期表

周期表のアルファベットは，元素を記号であらわした「元素記号」です。現在の周期表には，118種類の元素が並んでいます。

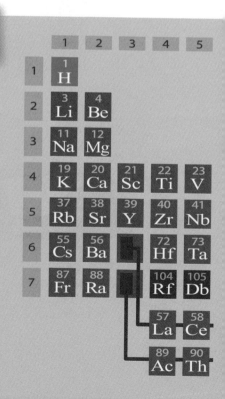

	1	2	3	4	5
1	1 H				
2	3 Li	4 Be			
3	11 Na	12 Mg			
4	19 K	20 Ca	21 Sc	22 Ti	23 V
5	37 Rb	38 Sr	39 Y	40 Zr	41 Nb
6	55 Cs	56 Ba		72 Hf	73 Ta
7	87 Fr	88 Ra		104 Rf	105 Db

57 La	58 Ce
89 Ac	90 Th

■ 「金属」に分類される元素

■ 「非金属」に分類される元素

注：104番以降の元素の性質は不明です。

正の電気をおびた「陽子」が集まったものです。

縦に並ぶ元素は，性質が似ている

　元素のちがいは，原子の原子核に含まれる陽子の数で決まります。原子核に含まれる陽子の数を，「原子番号」といいます。この原子番号の順番に，左上から右下に元素を並べたものが，周期表です。

　周期表で最も重要なことは，「縦に並ぶ元素の性質が似ている」ということです。 周期表の縦の並びを，「族」といいます。同じ族の原子は，最も外側にある電子である「最外殻電子」の数が基本的に同じです。最外殻電子は，原子どうしの結合や化学反応にかかわります。そのため，同じ族の元素は，性質が似ているのです。

6	7	8	9	10	11	12	13	14	15	16	17	18
												2 He
							5 B	6 C	7 N	8 O	9 F	10 Ne
							13 Al	14 Si	15 P	16 S	17 Cl	18 Ar
24 Cr	25 Mn	26 Fe	27 Co	28 Ni	29 Cu	30 Zn	31 Ga	32 Ge	33 As	34 Se	35 Br	36 Kr
42 Mo	43 Tc	44 Ru	45 Rh	46 Pd	47 Ag	48 Cd	49 In	50 Sn	51 Sb	52 Te	53 I	54 Xe
74 W	75 Re	76 Os	77 Ir	78 Pt	79 Au	80 Hg	81 Tl	82 Pb	83 Bi	84 Po	85 At	86 Rn
106 Sg	107 Bh	108 Hs	109 Mt	110 Ds	111 Rg	112 Cn	113 Nh	114 Fl	115 Mc	116 Lv	117 Ts	118 Og
59 Pr	60 Nd	61 Pm	62 Sm	63 Eu	64 Gd	65 Tb	66 Dy	67 Ho	68 Er	69 Tm	70 Yb	71 Lu
91 Pa	92 U	93 Np	94 Pu	95 Am	96 Cm	97 Bk	98 Cf	99 Es	100 Fm	101 Md	102 No	103 Lr

— イオンと電池 —

6 電子を失ったり得たり。原子は，イオンになる！

正の電荷をもつ粒子を，「陽イオン」という

水（純水）は，電気を通しません。しかし水溶液の中には，電気を通すものがあります。水溶液が電気を通すかどうかは，水溶液の中に「イオン」があるかどうかで決まります。**イオンは，原子や原子の集団が，電子を失ったり得たりして，電気をおびた粒子です。**正の電荷をもつ粒子を「陽イオン」，負の電荷をもつ粒子を「陰イオン」といいます。また，物質がイオンに分かれる現象を「電離」といい，電離する物質を「電解質」，電離しない物質を「非電解質」といいます。電解質がとけた水溶液を，「電解質水溶液」といいます。

金属原子が，陽イオンになろうとする

水や水溶液の中に金属を入れると，金属原子が電子を放出して陽イオンになろうとすることがあります。**金属原子が陽イオンになろうとする性質の強さを，「金属のイオン化傾向」といいます。**

イオン化傾向のことなる2種類の金属を導線でつなぎ，電解質水溶液に入れると，導線に電流が流れます。イオン化傾向が大きいほうの金属の原子が陽イオンとして電解質水溶液にとけだし，原子から放出された電子が導線を通って，もう一方の金属に流れるためです。この原理を利用したものが，「電池（化学電池）」です。

リチウムイオン電池

スマートフォンなどに使われている,「リチウムイオン電池」
をえがきました。リチウムイオン電池のように,充電してくり
かえし使える電池を,「二次電池」といいます。一度しか使え
ない一般的な電池は,「一次電池」といいます。

リチウムイオン電池が開発されたから,
携帯電話も小型化できたのだ。

7 化学結合3種類。イオン結合, 金属結合, そして共有結合

食塩は,「イオン結合」で結びついている

物質のちがいは, 原子の種類だけでなく, 原子どうしの結びつき方によっても生まれます。原子どうしの結びつき方には, 大きく分けて,「イオン結合」「共有結合」「金属結合」の3種類があります。

食塩($NaCl$)は, 原子どうしが「イオン結合」で結びついている物質です。ナトリウム原子(Na)が電子を失って正の電荷をおびた「ナトリウムイオン(Na^+)」と, 塩素原子が電子を得て負の電荷をおびた「塩化物イオン(Cl^-)」が, 電気的に引き合って結合しています。このような結合を「イオン結合」といいます。

ダイヤは,「共有結合」で結びついている

金(Au)は, 原子どうしが「金属結合」で結びついている物質です。金原子(Au)は, 最外殻電子が「自由電子」となって複数の原子の間を自由に動きまわり, 柔軟に結合しています。このような結合を,「金属結合」といいます。

ダイヤモンド(C)は, 原子どうしが「共有結合」で結びついている物質です。炭素原子(C)が, 最外殻電子を共有することで, 固く結合しています。このような結合を「共有結合」といいます。

原子の3種類の結合

イオン結合（1），金属結合（2），共有結合（3）をえがきました。

1. イオン結合（食塩［NaCl］の場合）

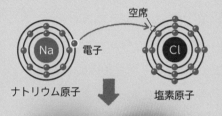

正の電荷をおびた「陽イオン」と，
負の電荷をおびた「陰イオン」が
電気的に引き合う結合です。

2. 金属結合（金［Au］の場合）

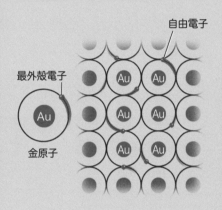

金属元素が集まって，結晶をつくる
結合です。このイラストでは，最外
殻電子だけをえがいています。

3. 共有結合（ダイヤモンド［C］の場合）

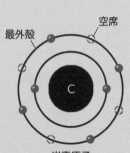

炭素原子
（最外殻の電子の定員は8個）

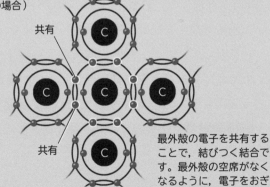

最外殻の電子を共有する
ことで，結びつく結合で
す。最外殻の空席がなく
なるように，電子をおぎ
ないあいます。

8 電子のはたらきが重要！化学反応のしくみ

反応がおきるとき，電子の受け渡しがおきる

化学反応とは，物質どうしが結びついて別の物質になる「化合」がおきたり，一つの物質が二つ以上の別の物質に分かれる「分解」がおきたりする反応のことです。反応の前後で，物質を構成する原子の組み合わせが変わり，元とはことなる物質に変化します。

化学反応がおきるときは，物質を構成する原子の間で，電子の受け渡しがおきます。この電子のはたらきに注目して，身近な化学反応を見てみましょう。

電子を失う「酸化」，電子を得る「還元」

お菓子の袋の中に，「脱酸素剤」と書かれた小さな袋が入っていることがあります。脱酸素剤は，化学反応の一つである「酸化還元反応（さんかかんげんはんのう）」を利用して，お菓子の味を損なわせる酸素を取り除くものです。

脱酸素剤の中には，鉄粉が入っています。鉄（Fe）は，酸素（O_2）と結びつくことで，周囲の酸素を取り除きます。鉄が酸素と結びつくとき，鉄は電子を酸素に渡して失い，酸素は鉄から電子を受け取って得ます。電子を失うことを「酸化」といい，電子を得ることを「還元」といいます。これが，酸化還元反応です。

酸化還元反応

化学反応の一つである，酸化還元反応の例をえがきました。

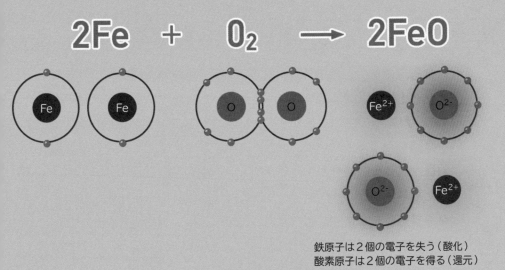

$$2Fe \ + \ O_2 \ \longrightarrow \ 2FeO$$

鉄原子は2個の電子を失う（酸化）
酸素原子は2個の電子を得る（還元）

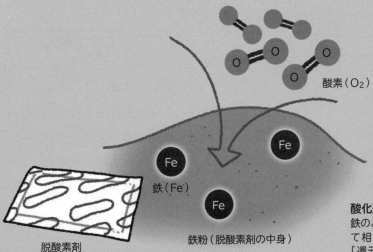

酸素（O_2）

鉄（Fe）

鉄粉（脱酸素剤の中身）

脱酸素剤

酸化剤と還元剤
鉄のように，自身が酸化して相手を還元する物質を「還元剤」といいます。反対に，自身が還元して相手を酸化する物質を「酸化剤」といいます。

注1：脱酸素剤では，Fe_2O_3という酸化鉄も生じます。
注2：最外殻以外の電子を省略しています。

55

9 かたい，燃えない，さびない！セラミックス

身近なセラミックスに，「ガラス」がある

金属ではない無機物質を，高温で焼いて固めた材料を，「セラミックス」といいます。かたい，燃えない，さびないといった特徴をもち，私たちの生活に欠かせない材料の一つになっています。

身近なセラミックスに，「ガラス」があります。ガラスの主な原料は，石英を主成分とする砂状の「ケイ砂」です。ガラスは，「固まった液体」ともいわれます。普通の固体は，原子が規則的に並んだ結晶構造をもちます。これに対してガラスは，結晶構造をもたない「非晶質（アモルファス）」の固体であるためです。

人工骨や人工関節などに応用

「陶磁器」や「セメント」も，セラミックスの一種です。ガラスや陶磁器，コンクリートは，天然の「ケイ酸塩物質」が原料であることから，「伝統的セラミックス」とよばれます。一方，材料を人工的に合成し，焼くときの温度や時間などを精密に管理することでできるセラミックスを，「ファインセラミックス（ニューセラミックス）」といいます。ファインセラミックスには，生体によくなじむ性質を示すものもあり，人工骨や人工関節などに応用されています。

セラミックス

身近なセラミックスである，ガラス（A），陶磁器（B），セメント（C）をえがきました。

A. ガラス

B. 陶磁器

C. セメント

見た目がずいぶんちがうけど，
どれもセラミックスなんだノミ！

― 有機化合物 ―

10 有機化合物は，炭素を骨格とする物質

有機化合物は，約２億種類もある

　プラスチックにアルコール，タンパク質，油脂。これらはすべて，「有機化合物（有機物）」とよばれるものです。有機化合物とは，炭素（Ｃ）を骨格とする化合物のことです。かつて有機化合物は，生物によってつくられるものを意味しました。しかしいまでは，人工的につくられるものも数多くあります。現在，有機化合物は，約２億

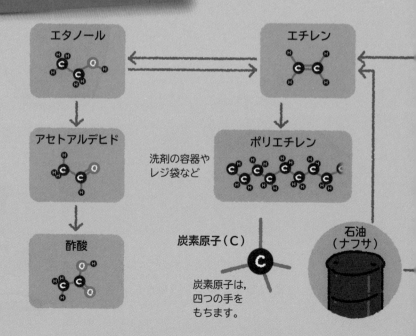

石油由来の有機化合物

エタノール

エチレン

アセトアルデヒド

ポリエチレン

洗剤の容器やレジ袋など

酢酸

炭素原子（Ｃ）

炭素原子は，四つの手をもちます。

石油（ナフサ）

種類もあるといわれています。これほど多くの有機化合物があるのは, 炭素原子がほかの原子と結合する「手」を, 四つももつからです。

炭素原子は, 長い分子も環状の分子もつくれる

炭素原子の最外殻には, 4個の電子があります。炭素原子の最外殻は, 電子の定員が8個なので, あと4個の電子があれば, 満員となって安定します。そこで炭素原子は, ほかの原子と4個の電子を共有して, 結合しようとします。これが, 炭素原子の「四つの手」です。

炭素原子は, 四つの手を使ってほかの原子とつながり, 鎖のように長い分子や, 枝分かれした分子, 環状の分子などをつくることができます。そのため, 多種多様な有機化合物が生まれるのです。

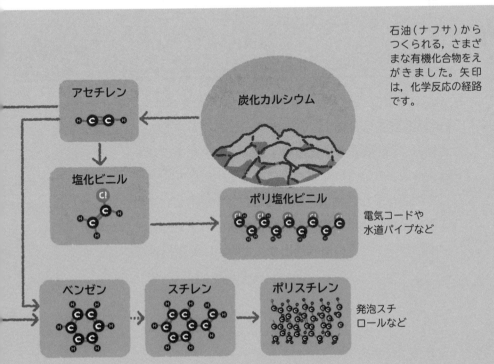

石油(ナフサ)からつくられる, さまざまな有機化合物をえがきました。矢印は, 化学反応の経路です。

アセチレン

炭化カルシウム

塩化ビニル

ポリ塩化ビニル

電気コードや
水道パイプなど

ベンゼン

スチレン

ポリスチレン

発泡スチ
ロールなど

11 つぎつぎ連結！ 小さな分子が連なる物質

小さな分子を，「単量体」という

分子量（^{12}C原子を基準にしたときの分子の相対質量）が約1万以上におよぶ化合物を，「高分子化合物」またはたんに「高分子」といいます。高分子は，小さな分子がいくつもつながることでできています。この構成単位となる小さな分子を，「単量体（モノマー）」といい，モノマーが次々とつながる反応を「重合」といいます。また，重合によって生じる高分子化合物を，「重合体（ポリマー）」といいます。

人工の高分子化合物は，自然に分解されない

タンパク質やデンプンなどの，天然に存在する高分子化合物は，「天然高分子化合物」といいます。一方，人工的につくる高分子化合物は，「合成高分子化合物」といいます。プラスチックや合成繊維，合成ゴムは，いずれも合成高分子化合物です。

合成高分子化合物は，私たちの生活を便利にしました。しかし合成高分子化合物は通常，自然には分解されません。そのため近年では，プラスチックの海洋流出が，世界的に問題視されています。

プラスチック

合成高分子化合物の一つである，プラスチックをえがきました。惣菜の容器などに使われているプラスチックは，「ポリスチレン」や「ポリプロピレン」です。プラスチックにはほかにも，「ポリエチレンテレフタラート」（ペットボトル）や「ポリ塩化ビニル」（消しゴム）など，さまざまな種類があります。

プラスチックを，できるだけ使わないようにしたいわね！

バイオプラスチック

いらなくなったプラスチックの処分は，簡単ではありません。そのまま捨てると，自然には分解されないため，環境に蓄積してしまいます。また，焼却したとしても，発生する二酸化炭素が，地球温暖化の原因となってしまいます。

この問題を解決できるかもしれないと期待されているのが，「バイオプラスチック」です。バイオプラスチックは，大きく分けて2種類あります。微生物によって二酸化炭素と水に分解される「生分解性プラスチック」と，植物などの生物資源を原料とする「バイオマスプラスチック」です。

生分解性プラスチックは，たとえ環境に流出しても，いずれ分解されます。バイオマスプラスチックは，焼却しても，二酸化炭素の排出を実質ゼロとみなすことができます。両方の特徴をかねそなえた，生分解性のバイオマスプラスチックであれば，環境への負荷を最小限におさえられます。低コスト化と耐久性の向上が，現在の課題となっています。

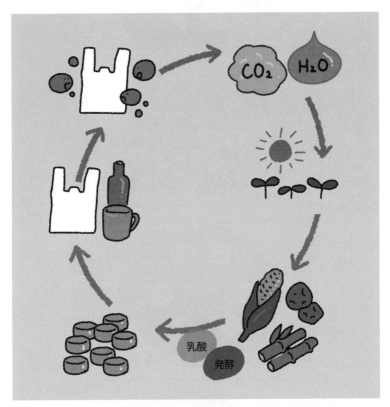

生分解性のバイオマスプラスチックの，循環のイメージをえがきました。

ベンゼンの環状構造を提唱

ドイツの化学者
アウグスト・ケクレ
（1829〜1896）

学生時代は建築を
学んでいたが
有機化学の講義を聞いて
化学科に転向した

大学を卒業後
フランス、スイス、
イギリスなどで
さまざまな教授に学ぶ

多様な考え方を
身につけた

1865年に
ベンゼンの
環状構造を提唱

そのころ化合物が
環状構造を
しているという考えは
めずらしかった

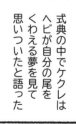

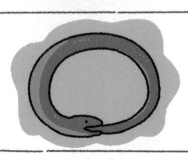

1890年
ベンゼン式誕生25周年を
祝って「ベンゼン祭」が
行われた

式典の中でケクレは
ヘビが自分の尾を
くわえる夢を見て
思いついたと語った

優れた記憶力と想像力

高校生のときのこと

「宿題は作文だ」

ケクレはすぐに頭の中で作文を完成させ紙には書かなかった

どうしようかな

よし完成した!

翌日作文を発表するよう指名された

ケクレ君発表してください

ケクレは白紙を見ながらよどみなく作文を読みあげたという

白紙 →

3. 物理——自然界の法則を探る

この世界でおきるさまざまな現象の背後には，決まった物理法則がかくれています。そうした自然界をつらぬく物理法則を明らかにする学問が，「物理学」です。第3章では，物理についてみていきましょう。

1 物ごとの背景にある法則を探る分野

中学校の理科と，高校の「物理基礎」が土台

物理は，自然現象などについて観察や実験を行い，背後にある普遍的な物理法則を探る分野です。

　下は，中学校と高校の物理で学ぶ内容です。中学校の理科と，それを発展させた高校の「物理基礎」で学ぶ知識が，高校の「物理」の土台となります。

中高の「物理」で学ぶ内容

中学校理科と
高校「物理基礎」
で学ぶ主な知識

・力のつり合い
・運動の規則性
・力学的エネルギー

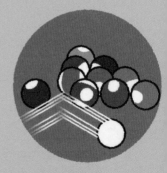

高校「物理」
の単元

さまざまな運動
・平面内の運動と剛体のつり合い
・円運動と単振動
・運動量
・万有引力
・気体分子の運動

概念や原理，法則を，関連させてとらえる

高校の物理では，「さまざまな運動」「波」「電気と磁気」「原子」を学びます。 2022年4月開始の学習指導要領では，学ぶ項目に変更はなかったものの，それぞれの項目で観察や実験の充実がはかられました。

高校の物理は，物理の基本的な概念や原理，法則を体系的に学べるように構成されています。観察や実験などを通じて，物理的な物事や現象を探究する能力を身につけます。そして概念や原理，法則を個別に理解するだけでなく，それらを関連させて，一貫性のあるまとまりとしてとらえられるようにします。

・光の反射と屈折
・レンズのはたらき
・音の性質

・電流・電圧と抵抗
・電流がつくる磁場（磁界）
・電磁誘導と発電

・放射線
・エネルギー資源
・科学技術の発展

波
・波の伝わり方
・音
・光

電気と磁気
・電気と電流
・電流と磁場（磁界）

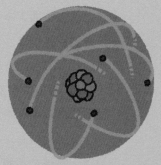

原子
・電子と光
・原子と原子核

注：2022年4月開始の学習指導要領にもとづいたものです。

2 エネルギー，形が変わっても総量は変わらない！

エネルギーの重要法則「エネルギー保存則」

私たちのまわりには，「熱エネルギー」「光エネルギー」「運動エネルギー」「位置エネルギー」「電気エネルギー」など，エネルギーが多種多様な形で存在しています。**エネルギーには，形が変わっても総量は変わらないという，重要な性質があります。これを，「エネルギー保存則」といいます。**

右のイラストで，顔の前にある鉄球を静かにはなしたとき，1往復してもどってきた鉄球は，顔にぶつかるでしょうか。

鉄球の位置エネルギーは，重力による

最初に静止していた鉄球は，ある量の位置エネルギーをもっています。この位置エネルギーが運動エネルギーに変換されることで，鉄球は動きはじめます。しかし，エネルギーの総量は変わらないので，もどってきた鉄球は，最初と同じ位置で止まり，顔にはぶつかりません（摩擦は無視できるとします）。

位置エネルギーは，さまざまな種類の力によって生じます。鉄球がもっていた位置エネルギーは，重力による位置エネルギーです。これは，鉄球の質量m，物体の高さh，重力加速度g（重力による加速度）を用いて，mghとあらわされます。

エネルギー保存則

振り子の鉄球を，顔の前ではなす実験をえがきました。鉄球が止まっていても動いても，鉄球のもつ位置エネルギーと運動エネルギーの総量は，変わりません。そのため，もどってきた鉄球は，最初と同じ位置で止まります。

鉄球をはなすとき，前に押し出すと，もどってきた鉄球にぶつかってしまう。

71

3 たったの三つ！ あらゆる物体の運動の法則

何もしなければ，いつまでも動かない

サッカーのフリーキックで，けったボールがゴールへ飛んでいき，ゴールポストに当たってはねかえる。このボールの運動の中に，三つの重要な，運動の法則がひそんでいます。それは，「慣性の法則」「運動方程式」「作用・反作用の法則」です。

まず，地面に置いたボールは，何もしなければいつまでも動きません。周囲から力を受けなければ，静止している物体は静止しつづけ，動いている物体は一定の速度で動きつづけます。この法則を，「慣性の法則」といいます。

力と運動の関係は，式であらわせる

次にボールをけった瞬間，足から「力」を受けたボールが，「加速」して動きはじめ，ゴールへ向かって飛んでいきます。物体にはたらく力と運動の関係は，「力（F）＝質量（m）×加速度（a）」という式であらわせます。この式を，「運動方程式」といいます。

そしてゴールポストに当たったボールは，ポストに力を加えます。このときボールは，ポストに加えたのと大きさが同じで向きが反対の力を受けます。この法則を，「作用・反作用の法則」といいます。三つの運動の法則は，あらゆる物体の運動にあてはまります。

三つの運動の法則

サッカーのフリーキックを例に，三つの運動の法則をえがきました（1〜3）。

$$F=ma$$

ボールに
はたらく力

1. 慣性の法則（運動の第一法則）

地面に置かれたボールは，何もしなければいつまでも動きません。周囲から力を受けなければ，静止している物体は静止しつづけ，動いている物体は同じ速度でまっすぐ動きつづけます。これを，「慣性の法則」といいます。

2. 運動方程式（運動の第二法則）

ボールにける力がはたらくと，ボールは加速して動きはじめます。物体に加わる力が大きいほど加速度は大きくなり，物体の質量が大きいほど加速しにくくなります。このような力と質量と加速度の関係を示した式を，「運動方程式」といいます。

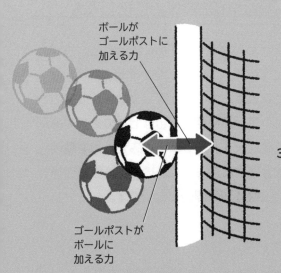

ボールが
ゴールポストに
加える力

ゴールポストが
ボールに
加える力

3. 作用・反作用の法則（運動の第三法則）

ゴールポストに当たったボールは，運動の向きを変えてはねかえります。ある物体Aが別の物体Bに力を加えたときには，その力とまったく同じ大きさで反対向きの力が物体Aにもはたらきます。これを，「作用・反作用の法則」といいます。

73

4 質量×速度。運動量は, 運動の勢いをあらわす量

ボールが速いほど重いほど, 大きな勢いを感じる

「運動量」は, 物体の運動の勢いをあらわす量です。「運動量＝質量 m ×速度 v」という式であらわされます。投げられたボールを受け取るとき, 勢いがあると感じるのは, ボールの速度が大きい場合です。また, ボールが重いほど, より大きな勢いを感じます。

物体の運動量は, 大きな力を加えるほど, また力を加える時間を長くするほど, 大きく変化します。運動量の変化の量は,「力積」に等しくなります。力積は, 物体に作用する力 F と, 力 F が作用した時間 Δt の積であらわされます。質量 m の静止した物体が力積によって速度 v を得たとすると,「$mv = F\Delta t$」という式がなりたちます。

分裂や衝突の前後で, 運動量の総和は変化しない

キャスターつきのいすに座った人がボールを前に投げると, 投げた人はその反動でうしろに動きます。ボールを投げると, ボールは運動量を獲得します。このとき人は, 大きさが同じで向きが反対の運動量を獲得します。結果として, 運動量の総和はゼロのままであり, 最初の静止状態と同じになります。このように外から力を受けていなければ, 複数の物体が分裂や衝突をした前後で, 運動量の総和は変化しません。これを,「運動量保存則」といいます。

運動量保存則

キャスターつきのいすに座った人がボールを前に投げると，投げた人はその反動でうしろに動きます。ボールと人は，大きさが同じで向きが反対の運動量を獲得するため，運動量の総和はゼロのままです。

5 質量をもつ物体なら何でも。引力がはたらく

質量の積に比例し，距離の2乗に反比例する

1666年ごろのある日。イギリスの科学者のアイザック・ニュートン（1642 ～ 1727）は，リンゴが木から落ちるのを見て，「万有引力の法則」を発見したといわれます。**万有引力とは，質量をもつすべての物体の間にはたらく引力のことです。** そして，万有引力の法則とは，二つの物体の間にはたらく万有引力は，二つの物体の質

万有引力

万有引力の法則（A）と，地表での重力（B）をえがきました。
万有引力の法則に出てくる **G** は，万有引力定数です。

A. 万有引力の法則

$$万有引力 = G\frac{Mm}{r^2}$$

質量 M

質量 m

距離 r

量の積に比例し，物体間の距離の2乗に反比例するというものです。
万有引力の法則に出てくる **G** を，「万有引力定数」といいます。

遠心力と万有引力の「合力」が，地表での重力

　**万有引力と「重力」は，ほぼ同じ意味の言葉です。しかし，区別
して使うこともあります。**地球は自転しているので，あらゆる物体
は遠心力（回転運動している物体にはたらく，中心から遠ざかる方
向に向かう見かけの力）を受けます。この遠心力と万有引力を合わ
せた「合力」が，地表での重力です。ただ，地表での遠心力は万有
引力にくらべて小さいため，地表での重力は万有引力とほぼ等しい
といえます。

B. 地表での重力

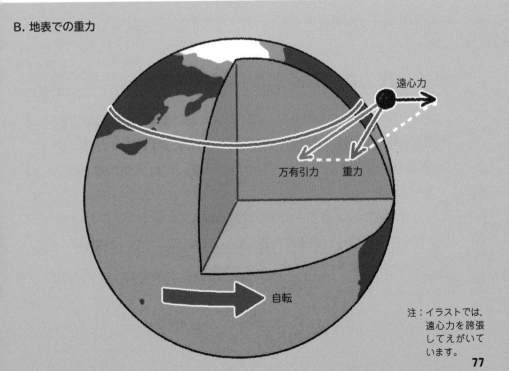

遠心力

万有引力　重力

自転

注：イラストでは，
　　遠心力を誇張
　　してえがいて
　　います。

6 気体の圧力，体積，温度には，関係がある

気圧の正体は，気体分子の衝突

「気圧」は，大気による圧力（面に対して垂直にはたらく力）です。1平方メートルの地表にかかる大気圧は，10トン重にもなります。

気圧の正体は，気体分子の衝突です。空気中には，大量の気体分子が飛びかっています。これらの分子は，たがいに衝突したり，私たちの体にぶつかったりしています。気体分子1個の衝突による力は非常に小さいものの，気体分子すべての衝突を合計すると，大きな力になります。この力が，気圧を生むのです。吸盤が壁にくっつくのも，気圧があるためです（右のイラスト）。

気体は，圧力が下がると，体積が大きくなる

気体の圧力は，温度が低くなるほど小さくなります。気体の圧力 P，体積 V，温度 T（絶対温度）の関係をあらわした式「$PV=nRT$」を，「気体の状態方程式」といいます。n は物質量，R は「気体定数」です。

飛行機に乗ったときに，上空で，お菓子の袋がパンパンにふくらんだことはないでしょうか。気体の状態方程式で，右辺が一定の場合，左辺の圧力が下がると体積が大きくなります。このため，お菓子の袋がふくらんだのです。

吸盤がくっつくしくみ

吸盤を壁に押しつけると，吸盤と壁の間にはほとんど空気がな
くなるので，吸盤を壁から引きはなす向きの圧力は非常に弱く
なります。一方，吸盤を壁に押しつける向きには，1気圧がか
かります。そのため，吸盤は壁にくっつきます。

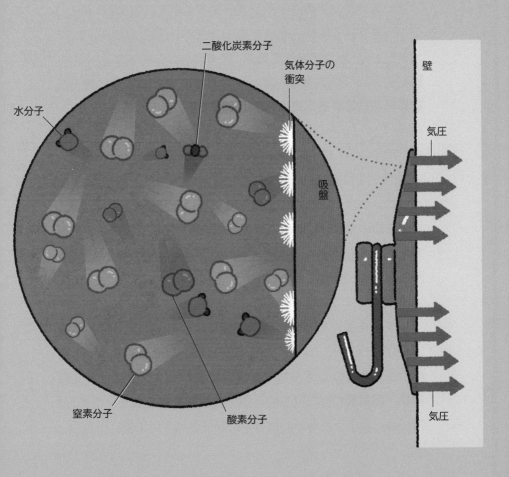

二酸化炭素分子

気体分子の
衝突

壁

水分子

気圧

吸盤

窒素分子

酸素分子

気圧

ピッチドロップ実験

オーストラリアのクイーンズランド大学で，1927年からつづけられている実験があります。「ピッチドロップ実験」です。ピッチとは，粘性の極めて高い，固体のような液体のことです。ピッチドロップ実験は，ピッチのしずくがどのように落下するのかを記録する，流体力学の実験です。

2014年4月17日，落下中の9滴目のしずくがたれ下がり，2000年11月28日に落下した8滴目のしずくと衝突。14年ぶりに，いよいよ年内にも落下するという状況になりました。実験装置のまわりに3台のカメラを設置して，落下の決定的瞬間をとらえる準備をととのえました。ところが4月24日，なんとしずくが折れてしまいました！

しずくを受けるビーカーを交換しようとしたところ，木製の台がぐらつき，しずくが折れてしまったそうです……。実は過去の8滴のしずくも，実験管理者がキャンプに行っていたり，出勤前だったりして，落下の瞬間を見られていません。現在は，ライブ映像が，世界中に配信されています。

— 波 —

7 水面の波だけじゃない！世界は波で満ちている

水面の上下の運動が，となりの場所へ伝わる

　水たまりに雨粒が落ちると，雨粒の落ちた場所を中心にして，同心円状に「波」が広がります。**波とは，ある場所から周囲へと，振動が伝わっていく現象です。**水面の波は，雨粒が落ちることで生じた水面の振動が，次々と周囲の水をゆらして伝わっていきます。

　このとき，水そのものが波の進行方向へ進んでいくわけではありません。ある場所の水面がその場所で上下に運動し，その上下の運動が，すぐとなりの場所へ伝わるのです[1]。このように，波の進行方向に対して垂直に振動する波を，「横波」といいます。

音の波は，空気の振動が進行方向と同じ

　私たちの身のまわりは，たくさんの波で満ちています。

　たとえば「音」は，スピーカーなどで生じた空気の振動が，波として周囲に伝わっていく現象です。音の波（音波）は，水面の波とはちがって，空気の振動する方向が波の進行方向と同じです。このような波を，「縦波」といいます。

　ほかにも，地震で発生する「地震波」や，光も波です。世界は，さまざまな波で満ちているのです。

※1：水面の波は，正確にいうと，波の各点が楕円運動をしています。

波と，波の重ね合わせ

波（A）と，波の重ね合わせ（B）をえがきました。

A. 波

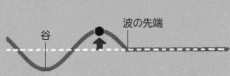

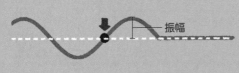

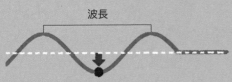

山

谷

波の先端

振幅

波長

B. 波の重ね合わせ

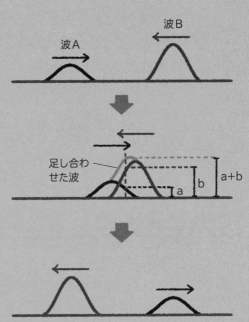

波A

波B

足し合わせた波

a

b

a+b

波は，振動が周囲に伝わっていく現象です。波のある1点は，波がやってくるとその場で上下に振動し，波の進行方向に進んでいくわけではありません。波の山の高さ（谷の深さ）を「振幅」といい，山から山までの長さを「波長」といいます。

左右からやってきた二つの波が重なり合うと，重なり合った位置の波の高さは，それぞれの波の高さを足し合わせたものになります。これを「重ね合わせの原理」といいます。二つの波は重なり合った後，はじめの波がふたたびあらわれて遠ざかります。波は衝突の前後で影響を受けず，「独立性」を保ちます。

8

音が変わった？　救急車のサイレンの聞こえ方

音の高さは，音の周波数によって決まる

サイレンを鳴らしながら走る救急車が自分に近づくとき，音は高く聞こえます。一方，自分から遠ざかるときは，低く聞こえます。この現象を，「ドップラー効果」といいます。

音の高さは，音の周波数によって決まります。周波数とは，1秒間に波が振動する回数のことで，振動数ともよばれています。周波数が大きければ大きいほど音は高くなり，周波数が小さければ小さいほど音は低くなります。

救急車の前方では，周波数が大きくなる

救急車が音を発しながら前進すると，救急車の前方では，ある波から次の波が到達するまでの時間が短くなります。これは周波数が大きくなることを意味します。したがって，救急車が近づいてくると，音は高く聞こえるのです。逆に，救急車の後方では，音の周波数が小さくなります。そのため，救急車が遠ざかるときは，音が低く聞こえるのです。

動いている物体に音波を当てて反射させると，反射波はもとの周波数とはことなるものになります。これは，音波を当てた物体が動いているためにおきるドップラー効果です。

救急車のサイレン

前進する救急車が発する，音の波をえがきました。救急車の前方は，音の周波数が大きく，音が高く聞こえます。救急車の後方は，音の周波数が小さく，音が低く聞こえます。

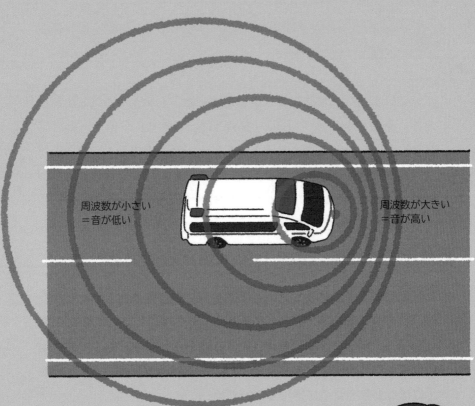

周波数が小さい
＝音が低い

周波数が大きい
＝音が高い

サイレンの音が変わったように聞こえるのは，周波数が変わったからなのね。

⑨ 近視用のメガネのレンズで, 光は広がる

光が凹レンズを通過すると, 広がって進む

中央部が周辺部よりも厚いレンズを「凸レンズ」, 薄いレンズを「凹レンズ」といいます。また, レンズの中央の面に垂直な直線を,「光軸」といいます。

光軸に平行な光が凸レンズを通過すると, 光軸上の1点に集まります。この点を, 凸レンズの「焦点」といいます。一方, 光軸に平行な光が凹レンズを通過すると, 光軸上の手前のある1点から広がって進むような軌跡をえがきます。この点を, 凹レンズの焦点といいます。焦点からレンズまでの距離を,「焦点距離」といいます。

焦点までの距離を長くして, 矯正している

近視用のメガネのレンズには, 凹レンズが使用されています。近視は, 眼球の奥行き(眼軸長)が長いなどの理由により, 目に入射した光が, 網膜の手前に焦点が来てしまう症状です。凹レンズを用いて光をいったん広げることで, 焦点までの距離を長くして, 網膜上に焦点が来るように矯正しています。

一方, 遠視用のメガネのレンズには, 凸レンズが使用されています。遠視は, 近視とは逆に, 網膜の先に焦点が来てしまう症状です。凸レンズによって, 網膜上に焦点が来るように矯正しています。

近視の矯正

正しく見える状態（Ａ），近視の状態（Ｂ），近視を矯正した状態（Ｃ）をえがきました。近視用のメガネは，凹レンズで光をいったん広げることで，焦点までの距離を長くします。

A. 正しく見える状態

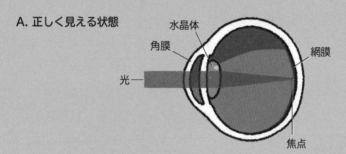

水晶体
角膜
網膜
光
焦点

B. 近視の状態（軸性近視）

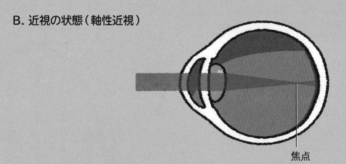

焦点

C. 近視を矯正した状態

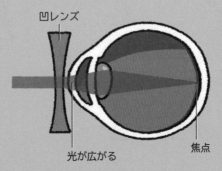

凹レンズ
光が広がる
焦点

10 電場と磁場の連続的な発生，それが光の正体

波長のことなる光をまとめて，「電磁波」という

ヒトの目でとらえられる光を，「可視光線（かしこうせん）」といいます。可視光線の波長は，380ナノメートル前後から800ナノメートル程度です（ナノは10億分の1）。可視光線よりも波長が長い光を「赤外線」，赤外線よりもさらに波長が長い光を「電波」といいます。逆に，可視光線よりも波長が短い光を「紫外線（しがいせん）」，紫外線よりも波長が短い

電磁波

電磁波をえがきました。矢印は，電場と磁場の向きと大きさをあらわしています。電場と磁場の方向は，直交します。

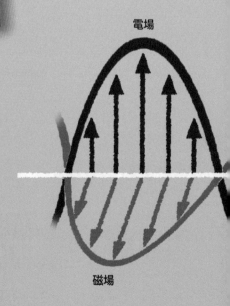

電場

磁場

光を「X線」，さらに短い光を「ガンマ線」といいます。これらの波長のことなる光をまとめて，「電磁波」といいます。

「電場」と「磁場」が，連鎖的に発生

電磁波の正体は，「電場」と「磁場」の連続的な発生です。電流を流すと磁場が発生し，電流の変動にともなって磁場も変動します。磁場が変動すると電場が発生し，磁場の変動とともに電場も変動します。すると，また磁場が発生して……というように，電場と磁場が連鎖的に発生し，その変動が波として周囲に伝わっていきます。これが電磁波です。電場（もしくは磁場）の変動を示す波において，ある山から次の山までの距離が，電磁波の波長です。

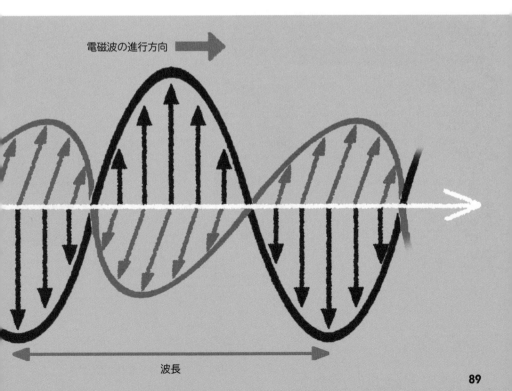

電磁波の進行方向

波長

― 電気と磁気の法則 ―

11 発電もできるしモーターにもなる！ 磁石とコイル

コイルを磁石のそばで回転させて，発電

現代のテクノロジーは，電気と磁気の法則に支えられています。

まず発電所では，金属の導線を環状にしたコイルを磁石のそばで回転させて，電気（電流）を生みだしています。この現象は「電磁誘導」といいます。磁石のまわりには，N極からS極の向きに「磁場」が生じています。磁場とは，磁力を生みだす空間の性質のことです。

発電とモーターのしくみ

発電のしくみ（A）と，モーターのしくみ（B）をえがきました。

A. 発電のしくみ

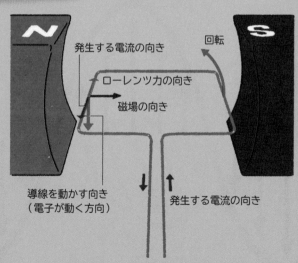

発生する電流の向き

ローレンツ力の向き

磁場の向き

回転

導線を動かす向き
（電子が動く方向）

発生する電流の向き

磁石がつくる磁場の中で，コイルを回転させると，コイルの中の電子が力を受けて動き，コイルに電流が流れます。

この磁場の中で，電子のような電気をおびた粒子が動くと，粒子は「ローレンツ力」という力を受けます。この力によって，コイルに電子の流れ，すなわち電流が生じるのです。

磁石のそばにあるコイルに電流を流すと，回転

　家庭で電気掃除機を使うときは，電気でモーターを回転させます。**モーターは，磁石のそばにあるコイルに電流を流して，回転運動を生みだしています。**コイルに電流を流すと，電子がコイル内を移動します。磁場の中で電子が動くと，電子はローレンツ力を受けます。この力によって，コイルが回転します。このように，発電もモーターの回転も，電気と磁気の法則によるものなのです。

B. モーターのしくみ

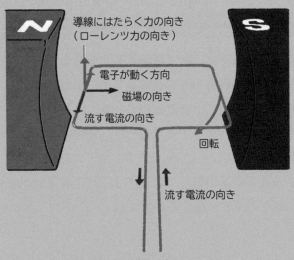

導線にはたらく力の向き
（ローレンツ力の向き）

電子が動く方向

磁場の向き

流す電流の向き

回転

流す電流の向き

磁石がつくる磁場の中で，コイルに
電流を流すと，コイルの中の電子が
力を受けて，コイルが回転します。

91

12 ― 電気回路 ―
回路を流れる電流は，電圧と抵抗から計算できる

抵抗 R と電流 I の積が，電圧 V に等しい

電気回路に関しては，「オームの法則」「ジュールの法則」「キルヒホッフの法則」などの法則があります。

オームの法則は，抵抗 R と電流 I の積が電圧 V に等しいという法則で，「$V = RI$」とあらわされます。電圧は，電流を流そうとするはたらきの大きさです。抵抗は，導線や電熱線などがもつ電流の流れにくさの大きさで，主に電子が原子と衝突することで生じます。

電流が流れた抵抗では，熱 Q が発生します。電流が時間 t 流れた場合，「$Q = I^2Rt$」となります。これがジュールの法則です。

分岐点に流れこむ電流，流れ出る電流

キルヒホッフの法則は，第一法則と第二法則の二つがあります。

第一法則は，並列回路のどの分岐点でも，分岐点に流れこむ電流の和は，分岐点から流れ出る電流の和と等しいというものです。

第二法則は，電気回路を1周するとき，電池の起電力の総和と電圧降下の総和は等しいというものです。電池の起電力は，電流が流れていないときの電池の電圧のことです。電圧降下は，抵抗などの前後での，電圧の下がり幅のことです。

電気回路

電気回路の電圧，電流，抵抗をえがきました。ここでは電圧を，回路の高さとして表現しました。抵抗は，電子が原子と衝突することで生じます。歴史的な理由で，電流の向きは，電子が動く方向と逆方向と決められています。

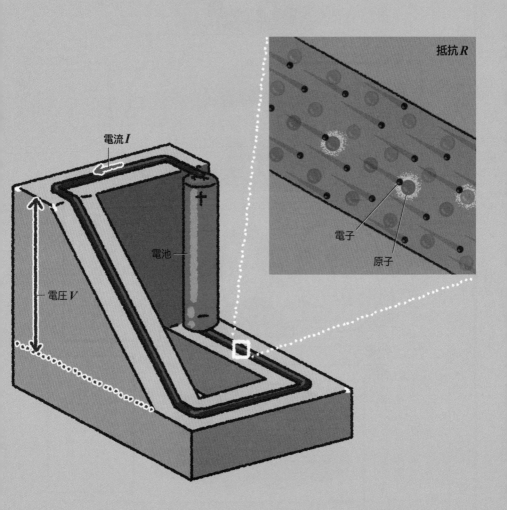

抵抗 R

電流 I

電池

電圧 V

電子

原子

オームの法則を発表

ドイツ出身の物理学者
ゲオルク・オーム
（1789～1854）

30歳くらいのとき
フランスの数学者の
ジャン・フーリエの
熱力学の論文を読む

電流にも
あてはまりそう

1826年
電流は起電力に比例し
抵抗に反比例する
という法則を発表

実はこれより前に
イギリスの物理学者で
化学者のヘンリー・
キャベンディッシュが
同じことを発見していた

私が先に
発見しました

しかし裕福な貴族で
人間ぎらいでもあった
キャベンディッシュは
発表しなかった

そのため発見者は
オームとして広まり
「オームの法則」と
よばれるようになった

オームの法則

電圧V＝抵抗R×電流I

ドイツでは評価されず

オームの法則は当初
ドイツ国内では
評価されなかった

高校教師の研究結果
ということで
相手にされなかった

士官学校の数学教師
などで生計を立てた

大学教授になれる
と思ったのに…

しかしイギリスや
アメリカの物理学者
からは評価された

1841年には
イギリス王立協会から
功績が認められ
メダルを授与された

ドイツでも評価が変わり
1852年にようやく
ミュンヘン大学の
教授となった

亡くなる2年前の
ことだった

4. 地学──力強く 活動する地球

地球はたんなる岩石のかたまりではなく，ダイナミックに活動しています。地球のなりたちや，地球の大地や大気や海洋，そして地球をとりまく宇宙について知る学問が，「地学」です。第4章では，地学についてみていきましょう。

— 中高地学の全体像 —

1 地球や宇宙でおきる変動を探る分野

中学校の理科と，高校の「地学基礎」が土台

地学は，地球のなりたちや，地球の大地や大気や海洋，そして地球をとりまく宇宙について知る分野です。

下は，中学校と高校の地学で学ぶ内容です。中学校の理科と，それを発展させた高校の「地学基礎」で学ぶ知識が，高校の「地学」の土台となります。

中高の「地学」で学ぶ内容

中学校理科と
高校「地学基礎」
で学ぶ主な知識

・地球の形と大きさ
・地球内部の層構造
・地殻とマントル

高校「地学」———
の単元

地球の概観
・地球の形状
・地球の内部

自然現象は，災害についても学ぶ

　高校の地学では，「地球の概観」「地球の活動と歴史」「地球の大気と海洋」「宇宙の構造」を学びます。2022年4月開始の学習指導要領では，学ぶ項目に変更はなかったものの，それぞれの項目で内容の改善がはかられました。

　高校の地学は，身近な地球環境から宇宙全体まで，時代や規模のことなるさまざまな内容を学べるように構成されています。また，自然災害を引きおこす自然現象は，その自然災害についても学びます。観察や実験などを通じて，地学の基本的な概念や原理，法則を理解し，探究する能力を身につけます。

・火山活動と火成岩
・プレートの運動
・火山活動と地震

・気象観測
・天気の変化
・大気と海洋

・地球の自転と公転
・月や金星の見え方
・惑星と恒星

地球の活動と歴史
・地球の活動
・地球の歴史

地球の大気と海洋
・大気の構造と運動
・海洋と海水の運動

宇宙の構造
・太陽系
・恒星と銀河系
・銀河と宇宙

注：2022年4月開始の学習指導要領にもとづいたものです。

— 活動する地球 —

地球の陸地や海底は, ずっと動いている!

マントルの最上部と地殻が「プレート」

大地は不動ではなく, ゆっくりした速度で, 確実に動いています。
　地球の内部の構造は, 成分のちがいなどによって, 外側から順に
「地殻」「マントル」「外核」「内核」に分かれています。マントルの大
部分と外核は, 高温のため流動的です。一方, マントルの最上部と
地殻は, 冷えて固い岩石の層になっています。この固いマントル最

プレートの動きと地形

海溝
海洋プレートが
大陸プレートの
下に沈みこむ場所。

大陸

火山

マグマだまり

大陸プレート

マントルの対流

沈みこみ帯で
発生するマグマ

上部と地殻を,「プレート」といいます。

プレートは,「対流」に乗って移動している

　プレートを動かす原動力は,地球内部の熱です。地球は地下深い
ほど温度が高く,内核の温度は約6000℃にも達します。

　地球の内部には,マントルの深部からゆっくりわき上がる上昇流
や,地表から沈みこむ下降流があることがわかっています。これら
は,マントルが地球内部の熱を外へ逃がすように,「対流」している
ことを示しています。プレートは,その対流に乗って移動している
のです。**このように,プレートの運動によって地震や火山などの現
象を統一的に説明する理論を,「プレートテクトニクス」といいます。**

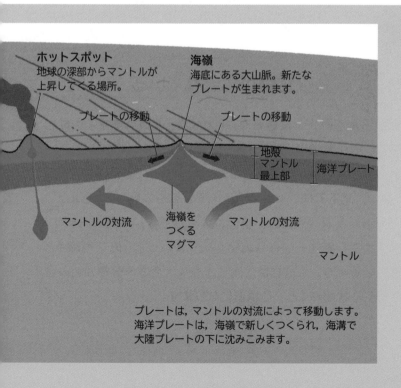

ホットスポット
地球の深部からマントルが
上昇してくる場所。

海嶺
海底にある大山脈。新たな
プレートが生まれます。

プレートの移動

プレートの移動

地殻
マントル
最上部

海洋プレート

マントルの対流

海嶺を
つくる
マグマ

マントルの対流

マントル

プレートは,マントルの対流によって移動します。
海洋プレートは,海嶺で新しくつくられ,海溝で
大陸プレートの下に沈みこみます。

3 岩石も宝石も，地下の マグマ出身

火山の形は，マグマの粘り気で決まる

地下深いところでは，岩石が地球内部の熱によってとかされ，「マグマ」として存在している領域があります。**地表に近いところにできた「マグマだまり」によってつくられる地形が，「火山」です。**

火山の形は，マグマの粘り気によって決まります。粘り気の弱いマグマは，薄く広がって流れだすため，ゆるやかな傾斜をもつ「盾状火山（たてじょうかざん）」をつくります。一方，粘り気が強いマグマは，あまり流れださず火口近くにたまりやすいため，火口近くがもり上がった「成層火山」や「溶岩ドーム」をつくります。

火成岩には，多様な鉱物が含まれている

マグマが冷えて固まった岩石を，「火成岩」といいます。火成岩には，「石英」や「黒雲母（くろうんも）」など，多様な鉱物が含まれています。

火成岩のうち，地表や地表近くで急速に冷えてできるものを「火山岩」といい，地下でゆっくりと冷えてできるものを「深成岩」といいます。火山岩と深成岩には，構造に大きなちがいが見られます。火山岩は，大きな鉱物と小さな鉱物が入りまじった「斑状組織（はんじょうそしき）」という構造になる一方，深成岩は，同じような大きさの鉱物が組み合わさった「等粒状組織（とうりゅうじょうそしき）」という構造になります。

水晶

水晶をえがきました。代表的な鉱物である石英のうち，とくに無色透明な結晶は，「水晶」とよばれます。石英は，二酸化ケイ素（SiO_2）でできています。

キラキラだノミ！

― 地層 ―

4 石，砂，泥！ 海底や湖底に 積もって地層となる

時代ごとに，ことなる粒子が積み重なる

地表の岩石は，太陽の熱や光，雨水による化学反応，生物からの作用などによって，徐々にぼろぼろになっていきます（風化）。風化によってもろくなった地表の岩石は，降雨や河川の流水，氷河などの作用を受けてけずられます（侵食）。

風化や侵食によって，岩石は「砕屑物」（礫，砂，泥の総称）に種類を変え，標高の低い方向へ流れだします（運搬）。標高が低くなり，傾斜がゆるやかになると，砕屑物の移動が止まり，その場にたまりはじめます（堆積）。海底や湖底に流れこんだ砕屑物は，時代ごとにことなる砕屑粒子が積み重なり，「地層」をつくります。

隆起や気候変動で，堆積岩の種類は変化する

砕屑物が海底や湖底に堆積しつづけると，続成作用によってすき間がなくなり，固まった「堆積岩」になります。堆積岩には，「礫岩」「砂岩」「泥岩」「凝灰岩」「石灰岩」「チャート」「岩塩」などの種類があります。大地の隆起や気候変動などによって，堆積岩の種類は変化します。そのため地層の調査は，当時の環境を知るための手がかりになります。

火山灰の地層

伊豆大島には,「地層大切断面」とよばれる,地層の断面があります。高さおよそ30メートルの地層の断面が,長さおよそ630メートルにわたってつづいています。この地層は,三原山の火山灰が,くりかえし降り積もってできたものです。降り積もった火山灰が堆積して固まると,凝灰岩になります。

5 地球にこんな生物が！古生物と恐竜

原生代に，最初の真核生物が誕生

46億年前の地球誕生〜40億年前を「冥王代（めいおうだい）」，40億年前〜25億年前を「太古代（始生代）」，25億年前〜5億4100万年前を「原生代」といいます。太古代に最初の原核生物が誕生したとされ，原生代に酸素の増加にともなって真核生物が誕生したと考えられています。

原生代以降の時代区分は，5億4100万年前〜2億5200万年前を「古生代」（カンブリア紀，オルドビス紀，シルル紀，デボン紀，石炭紀，ペルム紀），2億5200万年前〜6600万年前を「中生代」（三畳紀（さんじょうき），ジュラ紀，白亜紀（はくあき）），6600万年前〜現代を「新生代」（古第三紀，新第三紀，新四紀）といいます。

白亜紀にティラノサウルスが君臨

古生代のカンブリア紀に突然，多種多様な動物たちが大量に出現しました（カンブリア爆発）。デボン紀には，魚類が大繁栄して，両生類が誕生しました。石炭紀には，森林が生いしげり，巨大な昆虫が姿を見せました。中生代は，恐竜の時代です。ジュラ紀には，ステゴサウルスやマメンチサウルスが繁栄し，白亜紀にはティラノサウルスが生態系の頂点に君臨しました。新生代は，哺乳類（ほにゅうるい）の時代です。人類が誕生したのはおよそ700万年前といわれています。

カンブリア紀の生物

カンブリア紀に生息した，代表的な生物をえがきました。

ピカイア

アノマロカリス

オドントグリフス

オパビニア

三葉虫

ハルキゲニア

化石って何ですか？

 博士，化石って何ですか？

 ふむ。化石は，太古の時代に生きていた生物の死体や生活の跡などが，いまの時代まで残ったものじゃ。骨の化石のほかに，足跡の化石なんかもあるのぉ。

 生物の死体は，石になるんですか？

 生物の死体は，土に埋まると，骨などのかたい組織だけが残る。そこに鉱物の成分がしみこんで，石のようにかたくなると考えられておる。

 へぇ～。僕も化石になりたい！

 ……。生物の死体が，土の中でどのように化石になるのかは，よくわかっておらん。鉱物の成分がしみこむだけではなくて，圧力や熱などが加わることも必要だと考えられておる。それに日本の場合，火葬だから無理じゃ。

 そうなんだ～。

化石が発見されるまで

1．死ぬ
生物が死ぬ。

2．すぐ埋まる
死んでからすぐに，氾濫した河川の泥水などで，死体が地中に埋まる。ほかの生物にかみ砕かれたり，細かく分解されたりする前に埋まる。

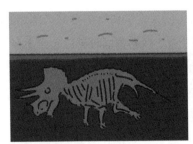

3．化石になる
地中で，肉などのやわらかい組織が腐る。骨などのかたい組織が，石のようにかたくなる。

4．発見される
運よく人に掘りあてられる。あるいは，地表に露出したときに，すぐに人に回収される。

6 大気と水の運動が, 天気の変化を生む

地表の空気は, 気圧高から低へ

天気が変わるのは, 大気と水が活発に運動しているからです。

大気の運動の原動力は, 太陽の光です。 太陽の光は地表を暖め, 地表は空気を暖めます。暖められた空気は軽くなり, 地表の気圧は低くなって「低気圧」となります。一方, 周囲にくらべて温度の低い地表では, 空気は冷やされて重くなります。そうした場所では, 地表の気圧は高くなって「高気圧」となります。地表近くの空気は, 気圧の高いところから低いところへと流れます。これが「風」です。

上空で冷やされて, 水蒸気が水滴に変わる

海で蒸発した水が, 陸で雨になるまでをみてみましょう。

海が暖められると, 海水が蒸発して, 大気中にたくさんの水蒸気が供給されます。 湿った空気は, 風で陸上へと運ばれることがあり, 上昇気流に乗ると上空へ運ばれます。空気が上空で冷やされると,「飽和水蒸気量」(空気中に存在できる最大の水蒸気量) が低下し, 飽和水蒸気量をこえた水蒸気が無数の細かな水滴に変わります。これが「雲」です。雲の粒は, 周囲の水蒸気を集めたり粒どうしでくっついたりして, だんだん大きくなります。そして, 上昇気流で浮いていられなくなると,「雨」となって地上に降り注ぐのです。

海の水が陸で雨になるまで

海で蒸発した水が，風で運ばれ，陸で雨になるまでをえがきました（1〜4）。

高高度の雲の粒は
氷になっていることも

3. 雲の粒が大きく
なって雨粒に

2. 水蒸気が上昇
して雲の粒に

雨粒として
落下しはじめる

だんだん大きく
なる雲の粒

分裂する雨粒

4. 雨が降る

内陸からの風

上昇気流

1. 海が暖められ，
水蒸気が発生

水蒸気を
多く含む風

7 地球にとどまる太陽エネルギーは，約70％

地球は，エネルギーを赤外線として放射

　太陽は莫大なエネルギーを放出しており，これを「太陽放射」といいます。太陽放射で地球が受けたエネルギーの約50％は，陸や海に到達して，直接地表を温めます。約20％は大気が吸収し，約30％は雲や地表で反射されて宇宙空間にもどされます。

　地球は，太陽放射でたえず温められているものの，平均的な地表の気温は15℃程度に維持されています。これは地球が，エネルギーを赤外線として，宇宙空間に放射しているからです。これを，地表からの「赤外放射」といいます。

地表の気温は，年々上昇している

　地表からの赤外放射の一部は，大気中の水蒸気や二酸化炭素，メタンなどの「温室効果ガス」に吸収され，ふたたび地表を温めます。これを，「温室効果」とよびます。温室効果がないと，地球の平均気温は，急激に低下してしまいます。

　現在，地表の気温は，年々上昇しています。この現象を，「地球温暖化」といいます。18世紀なかばにはじまった産業革命以降，化石燃料が大量に消費されるようになり，大気中の二酸化炭素の濃度が急激に上昇したことが，地球温暖化の原因と考えられています。

太陽からのエネルギー

地球が受けた太陽からのエネルギーは、約30％が宇宙に逃げ出し、約70％が地球にとどまります。地球は、地球にとどまったエネルギーと同じ大きさのエネルギーを、赤外線として宇宙空間に放射します。

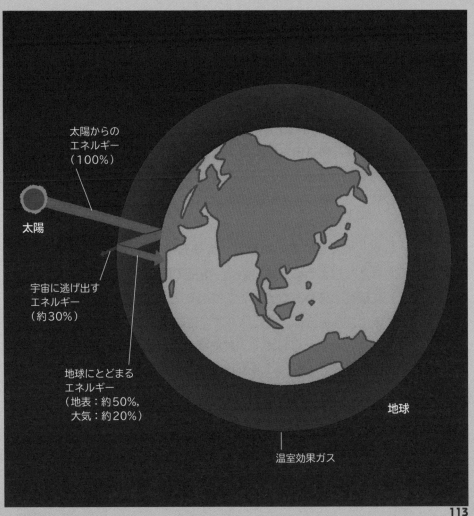

太陽からの
エネルギー
（100％）

太陽

宇宙に逃げ出す
エネルギー
（約30％）

地球にとどまる
エネルギー
（地表：約50％，
大気：約20％）

温室効果ガス

地球

大理石の床

高級な建築材料の一つに,「大理石」があります。豪華な建物といえば,「大理石の床」を思い浮かべるという人もいるのではないでしょうか。

大理石が高級とされる理由は,美しい見た目にあります。大理石は,炭酸カルシウム($CaCO_3$)を主成分とする「石灰岩」に熱が加えられて,炭酸カルシウムの結晶の集合体となった岩石です。色は白色や灰色,黄土色,桃色などをしていて,不規則な網目模様やまだら模様があります。きめが細かく加工しやすく,みがくと光沢が出ます。

しかし見た目が美しい反面,大理石は手入れが大変です。石灰岩と同じように,熱に弱く,雨風で風化してしまいます。とくに酸性の液体がかかると,すぐにとけてしまいます。さらに床に使う場合は,冷たいので冬に床暖房が必要だったり,転ぶとけがをしたりします。高級な上に,維持にとてもお金がかかりそうですね。

8 地球は，太陽系に八つある惑星の一つ

地球は，中心に金属の核をもつ「岩石惑星」

太陽系の天体は，約46億年前に太陽が誕生するのとほぼ同時に，「原始太陽系円盤」とよばれるガスやちりの集まりからつくられたと考えられています。

太陽に比較的近い水星，金星，地球，火星は，中心に鉄などの金属の核をもつ「岩石惑星（地球型惑星）」です。その外側にある木星と土星は，大量の水素やヘリウムのガスをまとった「巨大ガス惑星（木星型惑星）」です。さらにその外側の天王星と海王星は，氷を主成分とする「巨大氷惑星（天王星型惑星）」です。

「原始惑星」が合体して，岩石惑星になった

太陽系の惑星は，原始太陽系円盤のちり（固体成分）が集まってできた，「原始惑星」から誕生しました。太陽に比較的近い場所では，いくつかの原始惑星が衝突，合体して，岩石惑星となりました。

一方，太陽から遠い場所では，原始太陽系円盤内の水が氷となって原始惑星に集まり，大きく成長しました。その原始惑星が，円盤内の大量のガスを重力で引き寄せて，巨大ガス惑星となりました。さらに遠い場所では，原始惑星が多くのガスをまとう前に円盤のガスが消失し，氷惑星が誕生したのです。

太陽系の惑星と小惑星帯

太陽から土星までの, 惑星と小惑星帯をえがきました。下端は, 惑星と小惑星帯の位置関係をあらわしたものです。

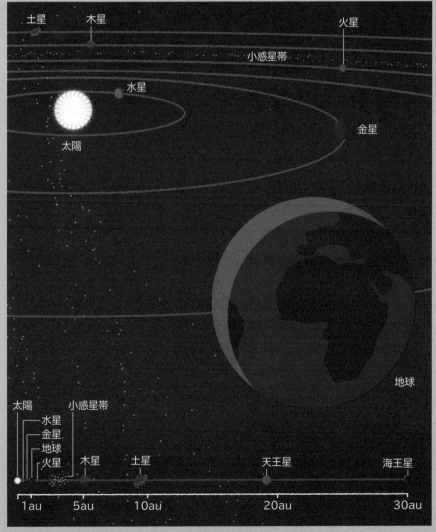

注：イラストの惑星の大きさは誇張しています。1au（天文単位）＝約1億5000万キロメートル。

117

9

直径は地球の109倍！
太陽は圧倒的な存在

太陽の表面には，黒い点があらわれる

　地球からの見かけの太陽の大きさは，見かけの月の大きさとほとんど同じです。しかし実際には，太陽の直径は約139万キロメートルもあり，月の400倍，地球の109倍の大きさです。

　地球から見える太陽の表面部分は「光球」といい，温度が約5800K（Kは絶対温度の単位）あります。この光球に，「黒点」という黒い点があらわれたり消えたりします。黒点は，温度が約4000Kで光球よりも低いため，黒く見えます。光球よりも温度が高い，「白斑」もあります。白斑の温度は，約6400Kです。

中心で水素の「核融合反応」がおきている

　太陽は，「彩層」という薄いガスの層をまとっています。彩層の外側には，平均的な温度が約200万Kにも達する，「コロナ」という希薄な大気の層があります。コロナの大気は，原子核と電子にわかれた「プラズマ」という状態です。太陽の引力をふりきって外に飛びだしたプラズマの流れを，「太陽風」といいます。

　太陽が大きな熱と光を放つことができるのは，中心で水素の「核融合反応」がおきているためです。核融合反応とは，別々の原子核が融合して，新しい原子核とぼう大なエネルギーを生む反応です。

太陽の表面近く

太陽の表面近くをえがきました。光球（表面）の外側に，彩層（ガス）とコロナ（大気）があります。三角形の部分は，コロナと彩層を取り除いて，光球をえがいています。プロミネンスは，彩層から噴きだす大規模なガスの炎です。

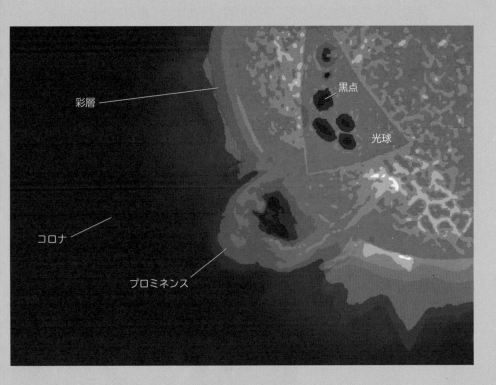

彩層とコロナは，光球よりも光が弱いため，普段は地球から見えないのだ。

119

― 銀河と宇宙の構造 ―

10 星の数が数千億！太陽がある天の川銀河

天の川銀河は，目玉焼きのような円盤状の構造

太陽系が属する銀河は，「天の川銀河」または「銀河系」といいます。 天の川銀河は，数千億もの恒星が渦巻状に集まってできており，「棒渦巻銀河」に分類されます。目玉焼きのような円盤状の構造をしており，黄身に当たる部分は「バルジ」といいいます。

　天の川銀河の直径は約10万光年にもおよびます。太陽系は，天

銀河と宇宙の構造

A. 天の川銀河

天の川銀河（A）と，宇宙の大規模構造（B）をえがきました。

バルジ

の川銀河の中心から約2万7000光年の距離にあり，近くの星々と
いっしょに，2億年程度かけて天の川銀河を中心にまわっています。

銀河が，無数の泡をつくるように分布

　数個から数十個の銀河の集団を「銀河群」といい，数十個から数
千個程度の銀河の集団を「銀河団」といいます。天の川銀河から約
250万光年の距離に，「アンドロメダ銀河」があります。アンドロ
メダ銀河と天の川銀河を含む銀河群を，「局部銀河群」といいます。
　宇宙には，銀河が均一に分布しているのではなく，銀河が無数の
泡をつくるように分布しています。このような銀河の分布構造を，
「宇宙の大規模構造」，あるいは「泡構造」といいます。

B. 宇宙の大規模構造

宇宙は膨張している！
過去の宇宙は小さかったはず

遠い銀河ほど，速く遠ざかっている

　ベルギーの天文学者のジョルジュ・ルメートル（1894 〜 1966）とアメリカの天文学者のエドウィン・ハッブル（1889 〜 1953）は，それぞれ別々に，天の川銀河から遠い銀河ほど速く遠ざかっていることを明らかにしました。これを，「ハッブル・ルメートルの法則」といいます。ハッブル・ルメートルの法則は，地球から銀河までの距離を r，銀河が遠ざかる速度を v とすると，「$v = Hr$」とあらわせます。H を，「ハッブル定数」といいます。この法則によって，現在の宇宙は膨張していると考えられるようになりました。

大昔の宇宙は，火の玉のような状態

　現在の宇宙が膨張しているのなら，過去の宇宙はもっと小さくて高密度だったはずです。アメリカの理論物理学者のジョージ・ガモフ（1904 〜 1968）は1948年，「大昔の宇宙は，超高温・超高密度の火の玉のような状態で，そこから爆発的に膨張をはじめた」という説をとなえました。この説を，「ビッグバン宇宙論」といいます。ビッグバン宇宙論の最新の研究によると，宇宙は約138億年前に誕生したと考えられています。